確率と確率過程

確率と確率過程

楠岡成雄 著

岩波書店

まえがき

確率論は不確実な現象を取り扱う上でなくてはならないものである．確率論はKolmogorovにより20世紀前半にその基礎が固められて以来，急速に発展した．また，確率微分方程式が20世紀半ばに伊藤清により導入され，今日では確率モデルをたてるための重要な道具となっている．本書はこれら確率論の基本的概念を工学等の応用を志す人達に簡潔に紹介することを目的としている．

今日の数学においては，その厳密さを保つため，確率論はLebesgue積分の概念を用いて展開される．しかし，確率というのはもともと直観的なものである上，Lebesgue積分論は抽象的で，応用を志す人達にはあまりなじみやすいものではない．したがって，この本ではLebesgue積分の知識を前提とはせず，またLebesgue積分論を表に出すことなく直観的な説明で議論を展開していく．しかし，数学的な厳密さはほとんど失わないように配慮してある．証明もできるだけアイデアがわかる程度につけたが，複雑で長いものについては省略した．

以下，内容の説明を行っていく．第1章は基本的概念の説明であり，確率論の基本的概念の厳密な定義，およびその直観的な意味を説明してある．第2章では統計学の基礎においても重要な独立確率変数の和の理論を解説した．基本的事実のみを述べ，細かい話は省いてある．第3章ではMarkov連鎖の基本的事実と離散マルチンゲールの基本について述べた．第4章以降が，確率積分および確率微分方程式(いわゆる確率解析)への入門である．応用によく用いられる確率解析の基本的事実について一応すべて述べたつもりである．

なお，本書は「岩波講座 応用数学」の一冊であった『確率と確率過程』を単行本化したものである．

2006年11月

楠 岡 成 雄

目次

記号表

集合 A に対して，$\#(A)$ は集合 A の元の個数を表し，χ_A は，

$$\chi_A(x) = \begin{cases} 1, & x \in A \\ 0, & x \notin A \end{cases}$$

を表す．

$$\binom{n}{m} = \frac{n!}{(n-m)!m!}, \quad 0 \leqq m \leqq n$$

$[x]$ は実数 x 以下の最大の整数

$\bar{z}$ は複素数 z の共役数

$$a \wedge b = \min a, b$$

$$a \vee b = \max a, b$$

$$\mathbf{N}_0 = \{0, 1, 2, 3, \cdots\}$$

$$\triangle = \sum_{i=1}^{n} \frac{\partial^2}{\partial x_i^2}$$

$\emptyset$ は空集合

$A \setminus B$ は差集合

第1章 確率論の基礎的事項

確率論は不確実性を含む現象を取り扱う場合に不可欠なものである．しかし，確率というものを安易に考えると，奇妙な結論に達することもある．この章では，確率の現代数学における基本的な考え方と，基本的な概念について述べていく．

§1.1 現代数学の確率論

(a) 確率モデル

物事の未来が現在与えられた状況から一通りに定まってしまうような現象(あるいは機構)を「決定論的」現象(機構)という．そうでないものを「非決定論的」という．典型的な決定論的機構は古典力学である．古典力学では運動方程式は微分方程式で表され，その初期条件(位置と速度の初期状態)が与えられれば将来の運動はただ一通りに定まるとされている．古典力学ほど厳密でなくても，われわれは多くのものが決定論的に動くと考えて生活している．テレビのスイッチをいれるとき何かいつもと違うことが起こるとは普段考えない．世の中で厳密な意味で決定論的な現象と呼べるものは数少ない．けれども非決定論的なものは取り扱いにくいので，あまり問題が起こらないときは決定論的に取り扱うことが多い．しかし天気のようにいろいろな場合が小さくない可能性で起きる場合や，飛行機事故のように可能性が小さくても結果が重大である場合は，非決定論的に取り扱っていろいろな可能性を考えることが必要である．非決定論的な現象をどのように取り扱うかはむずかしい問題であるが，しばしば確率の概念が利用される．しかし確率の概念を用いるとき注意しなくてはならないことがある．

われわれが数式などを用いて現象を記述するとき，現実の現象と数学模型 (モデル) を区別して考えることは少ない．これは数学モデルの結果と現実の結果の差がはっきりしていて，数学モデルの信頼性の判定が容易だからである．しかし確率の概念を用いるときは，どのような数学モデルを用いているかを，そして現実と数学モデルの違いをはっきり認識する必要がある．例えば「明日の降水確率は30％」といった予報がなされたとしよう．この予報があたったかどうかをどう判定すればよいのだろうか．この一つの予報だけをとりあげてこれがあたったかどうかは判定しようがない．したがって予報のもとになった数学モデル自体の信頼性を問うしかない．

また，数学モデルはしばしばパラメータをふくんでおり，観測・実験によりこのパラメータを決める必要がある．パラメータを決めることは決定論的なモデルでは容易であるが，確率を含む数学モデル (確率モデル) では大問題となる．確率モデルを前提としてそれから数学的に何が結論されるかを論ずることを「確率論」，確率モデルのパラメータを決めたりモデルそのものの信頼性を論ずることを「(数理) 統計学」と呼ぶ．「統計学」を行うには「確率論」の知識が不可欠であり，「統計学」なくしては「確率論」は現実に役立たず，両者は表裏一体のものである．

(b) 確率とは何か

我々は普通，さいころを振って1の目のでる確率は1/6と考える．また，さいころを何回も振ったときそれぞれは独立な試行と考える．さいころが正確に作られているなら，そのような仮説の下でたてられた確率モデルはよく現実の現象を説明する．しかし，なぜ確率モデルがうまく現実を説明するのかという疑問がおこる．これは確率というものがどこから生まれてくるのかということでもある．確率概念はさまざまな分野で用いられるため，これを唯一つの原理で説明することはできない．また，統計力学のような基礎原理のはっきりした分野でも完全な解答は与えられていない．

確率そのものに対する考え方も特に社会科学においては人により大きく違っている．例えば選挙の際，よく開票速報とともに結果の予測というものがテレビで行われ，「X氏は90％以上の確率で当選確実」などといっているが，これはまともな命題として認められるであろうか．ある人々はこれはその放送局の担当者の判断確率として当然認められると主張するが，ある人々はすでに投票が締め切られておりX氏が当選するか否かは確定しているのだから確率を論ずることは無意味と主張する．このように「確率とは何か」ということに関しては古くから論争があり，現在も決着はついていない．これについてはいろいろなものの考え方があり，おそらく永久に決着がつくことはないと思われる．

(c)　公理主義による確率の定義

「確率とは何か」という問題はたいへんむずかしい問題である．しかしこれを延々と議論しているだけでは何も生まれてこない．Kolmogorov は公理主義を導入することでこの問題の解決をはかった．公理主義は Hilbert の唱えたものであるが，これについて一言述べておく．

たとえば，Euclid 幾何学において「点」を定義しようとすると，もし「大きさのないもの」と定義すると「大きさ」の定義が必要になる．このようにすべてを定義しようとするとどこまでもさかのぼって定義することが必要になり，それは不可能である．そこで，「点」のような基本的な用語は無定義用語として定義しないというのが公理主義の考えである．公理主義ではさらに，無定義用語は公理系の与える関係を満たしさえすれば何でもよい．Hilbert によれば「コーヒーカップを「点」と思い，テーブルを「直線」と思ってもかまわない」のである．

Kolmogorov はこの Hilbert の考えを借用した．彼は「確率」を無定義用語とし，後に述べるそれの満たすべき公理系を与え，その公理系を満たす限りなんでも「確率」と認めることにしたのである．何を「確率」と考え，それが現実の世界を説明するか否かの検討は，各個人の責任にゆだねられたといえる．すなわち，Kolmogorov は「確率とは何か」という問題そのものの解決をはかるのではなく，その問題を回避し，「確率論」を完全に数学の一分野としてしまったのである．以来，確率論は急速な発展を遂げた．

もちろん確率モデルを作る際には「そのモデルにおける確率とは何であるか」ということを考える必要があることは注意しておく．また「統計学」では,「何が良い選択であるか」を決めて議論を始める必要があり，数学になりきれない部分がある．このため，現在は「確率論」と「統計学」を区別して取り扱うことが多い．この本では,「確率論」の部分のみを取り扱う．(Kolmogorov 自身は「乱数とは何か」という観点から確率とは何かという問題を以後も考え続けた．) 以下この本では (今日のすべての確率論の教科書と同じく) Kolmogorov の公理系に基づいて確率論を展開していく．

§1.2 Kolmogorov の公理系

Kolmogorov の公理系について述べていく．公理主義の立場からは無定義用語は説明すべきものではない．しかしそれではイメージがつかめないので個々の無定義用語についても説明していく．Kolmogorov の公理系は 3 つのもの $\Omega, \mathcal{F}, P$ に対するものである．

Ωは集合で，これから考えていくすべての事象を識別できるほど多くの元を有している必要がある．できるだけ大きい方が望ましいが,「最大の集合」といったものは「最大の数」と同様ありえないので，どのような集合かをあらかじめ明らかにせず，単に抽象的な集合としてしまうことがしばしばある．(2 人で大きな数をいった方が勝ちというゲームをしたとき，先に数をいったほうが負けとなる．同じようにΩがどのような集合か明らかにしないことが十分大きいことの保証になる．)

しかし，事象として取り扱う範囲があらかじめはっきりしているときはΩを具体的に定めてしまうことも多い．$\mathcal{F}$は，Ωの部分集合で確率を与えることのできるもの全体の集合，すなわち事象の集合である．この本では簡単のためΩの部分集合全体とする．(ふつうはこのような扱いはしない．気になる方は付録を参照されたい．) そして Pは，$\mathcal{F}$ の元 (つまりΩの部分集合)A に対して，A の起こる確率 $P(A)$ を与える関数である．Kolmogorov の公理系は

公理 1.1 P は集合族 F から区間 $[0,1]$ への写像であり,

$$P(\emptyset)=0, \qquad P(\Omega)=1$$

□

公理 1.2　$A_1, A_2, \cdots \in \mathcal{F}$ であり，$A_i \cap A_j = \emptyset, i \neq j$のとき，

$$P(\bigcup_{n=1}^{\infty} A_n) = \sum_{n=1}^{\infty} P(A_n)$$

□

によって与えられる．上の公理系を満たす 3 つ組 $(\Omega, \mathcal{F}, P)$ を**確率空間**と呼ぶ．

例えば公理系から次のようなことが導かれる．証明は読者への演習とする．

補題 1.1

(i)　$A, B \in \mathcal{F}, A \subset B$ ならば $P(B \setminus A) = P(B) - P(A)$ かつ $P(A) \leqq P(B)$

(ii)　$A_1, A_2, \cdots \in \mathcal{F}$ ならば $P(\bigcup_{n=1}^{\infty} A_n) \leqq \sum_{n=1}^{\infty} P(A_n)$

(iii)　$A_1, A_2, \cdots \in \mathcal{F}$ かつ $A_1 \supset A_2 \supset \cdots$ ならば $P(\bigcap_{k=1}^{\infty} A_k) = \lim_{n\to\infty} P(A_n)$　□

Ω の元をいつも ω で表す．また，ω に対する条件 Q が当てられたとき，煩雑さを避けるため，$P(\{\omega \in \Omega; Q(\omega)\})$ を単に $P(Q)$ で表す．

§1.3　確率変数, 期待値

確率空間 Ω 上で定義された実数値関数を**確率変数**という．Xを確率変数とする．もしXの値が有界な範囲にあれば，各自然数nに対し$P(X \in [k\cdot 2^{-n}, (k+1)2^{-n})), k \in \mathbf{Z}$ は有限個の k を除いて 0 となる．いま，

$$m_n = \sum_{k\in\mathbf{Z}} k\cdot 2^{-n} \cdot P(X \in [k\cdot 2^{-n}, (k+1)2^{-n}))$$

としよう．このとき，

$$m_{n+1} - m_n = \sum_{k\in\mathbf{Z}} 2^{-(n+1)} \cdot P(X \in [(2k+1)2^{-(n+1)}, (k+1)2^{-n}))$$

であるから，$0 \leqq m_{n+1} - m_n \leqq 2^{-(n+1)}$ ，$\sum_{n=0}^{\infty} |m_(n+1) - m_n| < \infty$ となり，m_n は$n \to \infty$のとき収束することがわかる．この m_n の極限を確率変数Xの**期待値**(平均)と呼び，$E[X]$ で表す．例えば，$a_1, \cdots, a_m \in \mathbf{R}$，$A_1, \cdots, A_m \subset \Omega$，$X(\omega) = \sum_{k=1}^{m} a_k \chi_{A_k}(\omega)$ とすると，$E[X] = \sum_{k=1}^{m} a_k \cdot P(A_k)$ となり，普通の平均の定義と一致する．

たとえ，確率変数 X の値が有界でなくても，非負であるならば，m_n が有限でありさえすれば上の議論は成立するので，m_n の極限を X の期待値 $E[X]$ と定める．また，$m_n = \infty$ のときは X の期待値は無限大（$E[X] = \infty$）と定める．確率変数 X の絶対値 $|X|$ は非負値の確率変数となるから，$E[|X|]$ が定義される．もし，$E[|X|] < \infty$ であれば，上で定義した m_n に対して $|m_0| < \infty$ となり，再び上記の議論が成立する．このときも，m_n の極限をもって確率変数 X の期待値 $E[X]$ と定める．

2つの確率空間を同時に取り扱う場合には期待値がどの確率空間で考えられているかわかりにくいときがある．期待値を確率空間 $(\Omega, \mathcal{F}, P)$ で考えていることをはっきりさせるため，$E[X]$ を $E^P[X]$ あるいは $\int_\Omega X(\omega)P(\mathrm{d}\omega)$ とかくことがある．また，$A \subset \Omega$ に対して，$E[\chi_A X]$ をしばしば $E[X, A]$ で表す．

§1.4 確率分布

集合 Ω の部分集合に対して値を対応させる関数 P で Kolmogorov の公理系を満たすものを空間 Ω 上の**確率測度**と呼ぶ．実数空間 $\mathbf{R}$(あるいはベクトル空間 $\mathbf{R}^n$) 上の確率測度を**確率分布**と呼ぶ．

実数空間 $\mathbf{R}$ を全空間 Ω と考えたとき，$X(x) = x,\ x \in \mathbf{R}$ で与えられる関数 X は確率変数である．μ をこの確率変数の確率分布としたとき，この確率変数 X の期待値 $m = \int_{\mathbf{R}} x\mu(\mathrm{d}x)$ が存在するならば m を確率分布の μ の**平均**という．

また，平均が存在するならば，$Y(x) = (X(x) - m)^2$ は新たな確率変数となる．その期待値 $\int_{\mathbf{R}} Y(x)\mu(\mathrm{d}x) = \int_{\mathbf{R}} (x-m)^2\mu(\mathrm{d}x)$ を確率分布 μ の**分散**という．

また，各自然数 n に対して，X^n の期待値 $\int_{\mathbf{R}} x^n \mu(dx)$ はそれが存在するとき確率分布 μ の n **次のモーメント**と呼ばれる．平均は1次のモーメントである．

確率分布の例として以下のようなものがある．

例 1.1 (二項分布) n は自然数，$p \in [0,1]$ に対して，$q = 1 - p$ とし，

$$\mu(\{k\}) = \begin{pmatrix} n \\ k \end{pmatrix} p^k q^{n-k}, \quad k = 0, 1, \cdots, n$$

もし $A \subset \mathbf{R}$, $A \cap \{0, 1, \cdots, n\} = \emptyset$ ならば $\mu(A) = 0$

で与えられる確率分布を**二項分布**と呼ぶ.　□

例 1.2 (一様分布)　$a < b$ に対して,

$$\mu([x, y]) = \frac{y - x}{b - a}, \quad x, y \in [a, b], \quad x < y$$

もし $A \subset \mathbf{R}$, $A \cap [a, b] = \emptyset$ ならば $\mu(A) = 0$

で与えられる確率分布を**一様分布**と呼ぶ.　□

例 1.3 (Poisson 分布)　$\lambda > 0$ に対して

$$\mu(\{k\}) = \mathrm{e}^{-\lambda} \frac{\lambda^k}{k!}, \quad k = 0, 1, \cdots$$

もし $A \subset \mathbf{R}$, $A \cap \{0, 1, \cdots\} = \emptyset$ ならば $\mu(A) = 0$

で与えられる確率分布を **Poisson 分布**と呼ぶ.　□

例 1.4 (正規分布)　$m \in \mathbf{R}, v > 0$ に対して

$$\mu([a, b]) = \int_a^b \frac{1}{\sqrt{2\pi v}} \exp(-\frac{(x - m)^2}{2v}) \mathrm{d}x, \quad a < b$$

で与えられる確率分布を**正規分布**（Gauss 分布 ）という.　□

例 1.5 (Cauchy 分布)　$m \in \mathbf{R}$, $c > 0$ に対して

$$\mu([a, b]) = \int_a^b \frac{c}{\pi} \frac{1}{c^2 + (x - m)^2} \mathrm{d}x, \quad a < b$$

で与えられる確率分布を **Cauchy 分布**という.　□

例 1.6 (指数分布)　$m \in \mathbf{R}$ に対して

$$\mu([a, b]) = \int_a^b \frac{1}{m} \exp(-\frac{x}{m}) \mathrm{d}x, \quad 0 \leqq a < b$$
$$\mu(A) = 0, \quad A \subset (-\infty, 0]$$

で与えられる確率分布を**指数分布**という.　□

§1.5　確率変数の分布，平均，分散，モーメント

再び一般の確率空間の下で考える．Xを確率変数とする．任意の実数の部分集合 A に対して

$$\mu_X(A) = P(X^{-1}(A))$$

とおくと，μ_X は実数空間上の確率測度 (ここでは実数全体を確率空間と考えている) となる．このμ_Xを確率変数 Xの**分布**という．

また，この確率分布 μ の平均，分散，n 次のモーメントをそれぞれ確率変数 Xの**平均**，**分散**，n **次のモーメント** と呼ぶ．この本では確率変数 Xの分散を $V(X)$ で表すことにする．

もし $V(X) = 0$ ならば $P(X = E[X]) = 1$ となり，X は本質的に定数であることがわかる．

§1.6 事象の独立性と Borel-Cantelli の定理

事象の有限列 $A_1, \cdots, A_n$が**独立**であるとは，任意の部分列 $A_{i_1}, \cdots, A_{i_m}$に対して

$$P(A_{i_1} \cap \cdots \cap A_{i_m}) = P(A_{i_1}) \times \cdots \times P(A_{i_m})$$

となることをいう．また，事象の無限列 $A_1, A_2, \cdots$ が独立とは任意の n に対して有限列 $A_1, \cdots, A_n$が独立になることをいう．このとき，次のことが成立する．

定理 1.2 (Borel-Cantelli の定理) $A_1, A_2, \cdots$ を事象の無限列とする．

(i) もし $\sum_{n=1}^{\infty} P(A_n) < \infty$ ならば

$$P(\bigcap_{n=1}^{\infty} \bigcup_{k=n}^{\infty} A_k) = 0,$$
$$P(\bigcup_{n=1}^{\infty} \bigcap_{k=n}^{\infty} (\Omega \setminus A_k)) = 1$$

(ii) もし無限列 $A_1, A_2, \cdots$ が独立で $\sum_{n=1}^{\infty} P(A_n) = \infty$ ならば，

$$P(\bigcap_{n=1}^{\infty} \bigcup_{k=n}^{\infty} A_k) = 1,$$
$$P(\bigcup_{n=1}^{\infty} \bigcap_{k=n}^{\infty} (\Omega \setminus A_k)) = 0$$

□

この定理は，

(i) もし $\sum_{n=1}^{\infty} P(A_n) < \infty$ ならば確率 1 で $A_n, n = 1, 2, \cdots$ という事象は有限回しか起こらない．

(ii)　もし無限列 $A_1, A_2, \cdots$ が独立で $\sum_{n=1}^{\infty} P(A_n) = \infty$ ならば確率1で $A_n, n = 1, 2, \cdots$ という事象は無限回起こるということを意味している．

[証明]

(i)　$\sum_{k=1}^{\infty} P(A_k) < \infty$ より $\sum_{k=n}^{\infty} P(A_k) \to 0, n \to \infty$ がわかる．よって

$$P(\bigcap_{n=1}^{\infty} \bigcup_{k=n}^{\infty} A_k) \leqq \lim_{n\to\infty} P(\bigcup_{k=n}^{\infty} A_k) \leqq \lim_{n\to\infty} \sum_{k=n}^{\infty} P(A_k) = 0$$

となり第1式を得る．第2式は第1式と De Morgan の公式よりわかる．

(ii)　$\sum_{k=1}^{\infty} P(A_k) = \infty$ より $\sum_{k=n}^{\infty} P(A_k) = \infty$ がわかり，これより

$$\lim_{m\to\infty} \prod_{k=n}^{m} (1 - P(A_k)) = 0$$

がわかる．よって

$$\begin{aligned} P(\bigcup_{n=1}^{\infty} \bigcap_{k=n}^{\infty} (\Omega \setminus A_k)) &= \lim_{n\to\infty} P(\bigcap_{k=n}^{\infty} (\Omega \setminus A_k)) \\ &= \lim_{n\to\infty} \lim_{m\to\infty} P(\bigcap_{k=n}^{m} (\Omega \setminus A_k)) \\ &= \lim_{n\to\infty} \lim_{m\to\infty} \prod_{k=n}^{m} (1 - P(A_k)) = 0 \end{aligned}$$

となり第2式を得る．第1式は第2式と De Morgan の公式よりわかる．■

§1.7　情報としての σ-集合族，独立性

確率変数 X の値の持つ情報をどのように表せばよいか考えよう．確率変数そのものをもって情報を表すことも考えられる．しかし，関数 $f: \mathbf{R} \to \mathbf{R}$ をひとつ決め，新しい確率変数 Y を $Y = f \circ X$ により定めたとしよう．もし f が1対1であれば，確率変数 X と Y は同じ情報を持つはずであり，一般には X の方が Y より多くの情報を含むはずである．しかし，確率変数をこの観点から比較するのは容易ではない．

いま，確率変数 X に対して Ω の部分集合の族 $\sigma\{X\}$ を

$$\sigma\{X\} = \{X^{-1}(A); A \subset \mathbf{R}\}$$

で定義する．$\mathcal{G} = \sigma\{X\}$ とおくと，集合族 $\mathcal{G}$ は次の3条件を満たす．

(i)　$\emptyset$ と全集合 Ω は $\mathcal{G}$ に属する．

(ii) $A_1, A_2, \cdots$ が $\mathcal{G}$ に属すならば，$\bigcup_{k=1}^{\infty} A_k$ も $\mathcal{G}$ に属する．

(iii) A が $\mathcal{G}$ に属すならば，$\Omega \setminus A$ も $\mathcal{G}$ に属する．

このような3条件を満たす集合族 $\mathcal{G}$ を $\mathcal{F}$ の**部分σ-集合族**という．

上で与えた確率変数 X, Y について見ると，一般に $\sigma\{X\} \supset \sigma\{Y\}$ であり，もし関数 f が1対1であれば $\sigma\{X\} = \sigma\{Y\}$ となり，確率変数 X, Y の情報の大小を集合族 $\sigma\{X\}, \sigma\{Y\}$ が反映している．確率論では，情報を Ω の部分 σ-集合族で記述する．たとえ上のように確率変数から決まるものでなくとも，Ω の部分 σ-集合族でありさえすれば情報を表すものとする．例えば，事象 A に属すか否かがわかるときその情報は Ω の部分 σ-集合族 $\{\emptyset, A, \Omega \setminus A, \Omega\}$ で表される．

2つの Ω の部分 σ-集合族 $\mathcal{F}_1, \mathcal{F}_2$ が与えられたとき，$\mathcal{F}_1 \cap \mathcal{F}_2$ は Ω の部分 σ-集合族であるが，$\mathcal{F}_1 \cup \mathcal{F}_2$ は一般に Ω の部分 σ-集合族ではない．しかし，$\mathcal{F}_1 \cup \mathcal{F}_2$ を含む最小の Ω の部分 σ-集合族があるのでそれを $\mathcal{F}_1 \vee \mathcal{F}_2$ で表す．このとき，$\mathcal{F}_1 \cap \mathcal{F}_2$ と $\mathcal{F}_1 \vee \mathcal{F}_2$ はそれぞれ，情報 $\mathcal{F}_1, \mathcal{F}_2$ に共通する情報および情報 $\mathcal{F}_1, \mathcal{F}_2$ を合わせた情報に対応する．

例えば，$A, B \subset \Omega$ に対して，$\mathcal{F}_1 = \{\emptyset, A, \Omega \setminus A, \Omega\}$, $\mathcal{F}_2 = \{\emptyset, B, \Omega \setminus B, \Omega\}$ とする．$\mathcal{F}_1 \neq \mathcal{F}_2$ ならば

$$
\begin{aligned}
&\mathcal{F}_1 \cap \mathcal{F}_2 = \{\emptyset, \Omega\} \\
&\mathcal{F}_1 \vee \mathcal{F}_2 = \{\emptyset, A, B, \Omega \setminus A, \Omega \setminus B, A \cap B, \\
&\qquad\qquad A \cap (\Omega \setminus B), (\Omega \setminus A) \cap B, (\Omega \setminus A) \cap (\Omega \setminus B), \Omega\}
\end{aligned}
$$

となる．また，X, Y を確率変数としたとき，

$$
\sigma\{X\} \vee \sigma\{Y\} = \{\{\omega \in \Omega; (X(\omega), Y(\omega)) \in C\}; C \text{ は } \mathbf{R}^2 \text{ の部分集合 }\}
$$

となる．

Ω の部分 σ-集合族の可算列 (または有限列) $\mathcal{F}_1, \mathcal{F}_2, \cdots$ が独立であるとは，任意の部分集合からなる列，$A_1, A_2, \cdots$ (ただし，$A_1 \in \mathcal{F}_1, A_2 \in \mathcal{F}_2, \cdots$) が独立となることをいう．

また確率変数の可算列 (または有限列) $X_1, X_2, \cdots$ が独立であるとは，$\sigma\{X_1\}$, $\sigma\{X_2\}, \cdots$ が独立であることをいう．

独立な確率変数の積は次のような性質を満たす．

定理 1.3 $X_1, \cdots, X_n$ は独立で有界な確率変数の列とする．このとき，

$$
E[X_1 \cdots X_n] = E[X_1] \cdots E[X_n]
$$

である. □

確率変数列が独立であるかどうかは，次の定理を用いて調べることができる.

定理 1.4 (Kac) 確率変数列 $X_1, X_2, \cdots, X_n$ が独立であるための必要十分条件は，すべての $\xi_i \in \mathbf{R}, i = 1, \cdots, n$ に対して，

$$E[\exp(\sqrt{-1} \cdot \sum_{j=1}^{n} \xi_j X_j)] = \prod_{j=1}^{n} E[\exp(\sqrt{-1} \cdot \xi_j X_j)]$$

となること. □

演習問題

1.1 補題 1.1 を証明せよ.

1.2（期待値の線形性） X, Y は確率変数，$a, b \in \mathbf{R}$ で $E[|X|] < \infty, E[|Y|] < \infty$ を満たすとする. このとき，

$$E[aX + bY] = aE[X] + bE[Y]$$

となることを証明せよ.

1.3 ρ は $\mathbf{R}$ 上の非負値連続関数で $\int_{-\infty}^{\infty} \rho(x)\mathrm{d}x = 1$ を満たすものとする. いま確率空間 $(\Omega, \mathcal{F}, P)$ として，Ω は実数の空間全体，$P((a, b)) = \int_a^b \rho(x)\mathrm{d}x$，を考える. また，$f$ は $\mathbf{R}$ 上の非負値連続関数で，確率変数 X は $X(x) = f(x), x \in \mathbf{R}$ で与えられているとする. このとき $E[X] = \int_{-\infty}^{\infty} f(x)\rho(x)\mathrm{d}x$ であることを示せ. すなわち，期待値は普通の積分で与えられる.

1.4 (i) fを $\mathbf{R}$ 上の非負値連続関数とする. 確率変数 Y を $Y(\omega) = f(X(\omega))$ であたえると，

$$E[Y] = \int_{\mathbf{R}} f(x)\mu_X(\mathrm{d}x)$$

が成り立つことを示せ.

(ii) $V(X) = E[(X - E[X])^2]$ であることを示せ. ここで，$E[(X - E[X])^2]$ は $Y(\omega) = (X(\omega) - E[X])^2$ により与えられる確率変数 Y の期待値である.

(iii) $a, b \in \mathbf{R}$ に対して

$$V(aX + b) = a^2 V(X)$$

となることを示せ.

1.5 A_1, A_2, A_3 を事象とする．A_1, A_2 が独立，A_2, A_3 が独立，A_1, A_3 が独立であっても，A_1, A_2, A_3 が独立とは限らない．そのような例を作れ．

第2章

確率変数の収束と独立確率変数の和

確率は不確実さを表す尺度であるが，大数の法則，中心極限定理のように確率概念の帰結として極限を考えると確実に成立する事柄が数多く存在する．このため確率論では極限の概念が重要である．この章ではこれらについて見ていく．

§2.1 確率分布と特性関数

確率分布は関数ではないので取扱いが複雑になる．確率分布を特徴づける平均，分散といった自然な量はあるが，それらは存在しないこともあるし，確率分布を一意に定めるわけでもない．特性関数は「確率分布の Fourier 変換」であり，余り自然な概念とは言えないが，これからみていくように種々のたいへんよい性質を持っている．このため，確率分布の性質は特性関数を通じて調べられることが多い．

$\mathbf{R}$ 上の確率分布 μ に対して

$$\varphi(\xi;\mu) = \int_{\mathbf{R}} \exp(\sqrt{-1}x\cdot\xi)\mu(\mathrm{d}x), \quad \xi \in \mathbf{R}$$

で定義される複素数値関数 $\varphi(\cdot\,;\mu):\mathbf{R}\to\mathbf{C}$ を確率分布 μ の**特性関数**という．すなわち，$\varphi(\xi;\mu)$ は $\mathbf{R}$ を全空間，μ を確率測度としたときの，複素数値確率変数 $\exp(\sqrt{-1}x\cdot\xi)$ の期待値である．この確率変数の絶対値は常に 1 だからこの期待値は常に存在する．したがって，特性関数はどのような確率分布に対しても定義される．特性関数は次のような性質を持つ．

定理 2.1 μ を確率分布，$\varphi(\xi;\mu)$ をその特性関数とする．このとき次のことが成立する．

(i) $\varphi(0;\mu)=1$

(ii) (連続性)$\varphi(\cdot\,;\mu):\mathbf{R}\to\mathbf{C}$ は連続．

(iii) (正定値性) 任意の $n\geqq 1$, $\xi_k\in\mathbf{R}$, $z_k\in\mathbf{C}$, $k=1,\cdots,n$ に対して

$$\sum_{k,l=1}^{n}\varphi(\xi_k-\xi_l;\mu)z_k\overline{z_l}\geqq 0$$

が成り立つ． □

次の定理により特性関数は確率分布を完全に特徴づけることがわかる．

定理 2.2 μ,ν を $\mathbf{R}$ 上の確率分布とする．もし，それぞれの特性関数が等しい (すなわち，$\varphi(\xi,\mu)=\varphi(\xi,\nu),\xi\in\mathbf{R}$) ならば，$\mu=\nu$． □

特性関数と分布のモーメントには次のような関係がある．

定理 2.3

(i) μ を $\mathbf{R}$ 上の確率分布，n を自然数とする．もし確率分布 μ の n 次のモーメントが存在するならば (すなわち $\int_{\mathbf{R}}|x|^n\mu(\mathrm{d}x)<\infty$ であれば)，μ の特性関数 $\varphi(\xi,\mu)$ は ξ に関して n 回連続微分可能であり，

$$\int_{\mathbf{R}}x^k\mu(\mathrm{d}x)=(-i)^k\frac{\partial^k}{\partial\xi^k}\varphi(\xi,\mu)|_{\xi=0}$$

となる．

(ii) μ を $\mathbf{R}$ 上の確率分布，m を自然数とする．もし，μ の特性関数 $\varphi(\xi,\mu)$ が ξ に関して $2m$ 回連続微分可能ならば，確率分布 μ の $2m$ 次のモーメント $\int_{\mathbf{R}}x^{2m}\mu(\mathrm{d}x)$ は有限である． □

特性関数の形を求めることができれば，定理 2.3 により平均や分散の存在やその値について調べることができる．第1章で与えた確率分布の例に対する特性関数はそれぞれ以下のようになる．

例 2.1 (二項分布) $\varphi(\xi,\mu)=(p\cdot\mathrm{e}^{\mathrm{i}\xi}+q)^n$．これは ξ についてなめらかな関数だから，すべてのモーメントが存在する．平均は np，分散は $np(1-p)$ である． □

例 2.2 (一様分布) $\varphi(\xi,\mu)=\dfrac{1}{\mathrm{i}(b-a)\xi}(\mathrm{e}^{\mathrm{i}b\xi}-\mathrm{e}^{\mathrm{i}a\xi})$．これは ξ についてなめ

らかな関数だから，すべてのモーメントが存在する．平均は $\dfrac{a+b}{2}$，分散は $\dfrac{(a+b)^2}{4}$ である． □

例 2.3 (Poisson 分布)　$\varphi(\xi,\mu)=\exp(\lambda(\mathrm{e}^{\mathrm{i}\xi}-1))$．これは ξ についてなめらかな関数だから，すべてのモーメントが存在する．平均と分散はともに λ である． □

例 2.4 (正規分布)　$\varphi(\xi,\mu)=\exp(\mathrm{i}m\xi-v\xi^2/2)$．これは ξ についてなめらかな関数だから，すべてのモーメントが存在する．平均は m，分散は v である． □

例 2.5 (Cauchy 分布)　$\varphi(\xi,\mu)=\exp(\mathrm{i}m\xi-c|\xi|)$．これは $\xi=0$ で微分不可能だから，平均は存在しない． □

例 2.6 (指数分布)　$\varphi(\xi,\mu)=\dfrac{1}{1-\mathrm{i}m\xi}$．これは ξ についてなめらかな関数だから，すべてのモーメントが存在する．平均は m，分散は m^2 である． □

§2.2　確率分布の収束と特性関数

実数空間 $\mathbf{R}$ 上の確率分布の列 $\{\mu_n\}_{n=1}^{\infty}$ が確率分布 μ に弱収束 するとは，すべての有界な連続関数 $f:\mathbf{R}\to\mathbf{R}$ に対して，

$$\int_{\mathbf{R}} f(x)\mu_n(\mathrm{d}x)\to\int_{\mathbf{R}} f(x)\mu(\mathrm{d}x),\qquad n\to\infty$$

となることをいう．しばしば，これを

$$\mu_n\to\mu,\ 弱収束,\quad n\to\infty$$

で表す．弱収束の定義を直接チェックすることは面倒であるが，次の定理より特性関数を用いれば容易にチェックできる．

定理 2.4

(i)　$\mu,\mu_n,n=1,2,\cdots$ を $\mathbf{R}$ 上の確率分布とする．このとき，次の 3 つは同値．

(a) $\mu_n\to\mu$，弱収束，$n\to\infty$

(b) すべての $\xi\in\mathbf{R}$ に対して

$$\varphi(\xi,\mu_n)\to\varphi(\xi,\mu),\quad n\to\infty$$

(c) $\mu(\{x\})=0$ となるすべての $x\in\mathbf{R}$ に対して

$$\mu_n((-\infty, x]) \to \mu((-\infty, x]), \quad n \to \infty$$

(ii) $\mu_n, n = 1, 2, \cdots$ を $\mathbf{R}$ 上の確率分布とする．いま，複素数値関数 $\psi : \mathbf{R} \to \mathbf{C}$ があって，

(a) $\psi(\xi)$ は $\xi = 0$ で連続，

(b) すべての $\xi \in \mathbf{R}$ に対して $\varphi(\xi, \mu_n) \to \psi(\xi)$, $n \to \infty$ と仮定する．このとき，確率分布 μ が存在して

$$\mu_n \to \mu, \text{ 弱収束}, \quad n \to \infty$$

かつ

$$\varphi(\xi, \mu) = \psi(\xi), \quad \xi \in \mathbf{R}$$

となる． □

§2.3 確率変数の収束：確率収束，概収束，法則収束，平均収束

確率論では極限の概念が重要であるが，これから見ていくように「確率変数の収束」一つをとっても何種類もの微妙に異なる概念が存在する．混乱を招かないためにも，その違いをはっきりと認識することが重要である．

定義 2.1 確率変数の列 $\{X_n\}_{n=1}^{\infty}$ が確率変数 Y に**概収束**するとは，

$$P[\overline{\lim}_{n\to\infty}|Y - X_n| = 0] = 1$$

が成立することをいう．言いかえれば，$P(A) = 0$ を満たす Ω の部分集合 A があって

$$\lim_{n\to\infty} X_n(\omega) = Y(\omega)\ , \quad \omega \in \Omega \setminus A$$

となることである． □

定義 2.2 確率変数の列 $\{X_n\}_{n=1}^{\infty}$ が確率変数 Y に**確率収束**するとは，

$$P[|Y - X_n| > \epsilon] \to 0, \quad n \to \infty$$

がすべての $\epsilon > 0$ に対して成立することをいう． □

定義 2.3 確率変数の列 $\{X_n\}_{n=1}^{\infty}$ が確率変数 Y に**法則収束**するとは，確率変数 X_n の確率分布が確率変数 Y の確率分布に弱収束することをいう． □

以上の収束の定義では確率変数に対する制約はなかったが，2次モーメント

の存在する確率変数に対しては次のような収束概念が考えられる．

定義 2.4　確率変数の列 $\{X_n\}_{n=1}^{\infty}$ が確率変数 Y に **2 次平均収束**するとは，

$$E[|Y|] < \infty, \quad E[|X_n|^2] < \infty, \quad n = 1, 2, \cdots$$

であって，

$$E[|Y - X_n|^2] \to 0, \quad n \to \infty$$

となることをいう．　□

上にあげた 4 つの収束の概念は似ているが微妙に違っている (演習問題参照)．確率変数の列 $\{X_n\}_{n=1}^{\infty}$ が確率変数 Y に概収束 (確率収束，法則収束) することをしばしば

$$X_n \to Y \quad \text{概収束}$$

$$X_n \to Y \quad \text{確率収束}$$

$$X_n \to Y \quad \text{法則収束}$$

で表す．

確率収束の定義は使いづらいので次の定理がしばしば有効である．

定理 2.5　確率変数の列 $\{X_n\}_{n=1}^{\infty}$ が確率変数 Y に確率収束することと，次の 2 つの命題とはそれぞれ同値である．

(i)　$E[|Y - X_n| \wedge 1] \to 0, \quad n \to \infty$

(ii)　$E\left[\dfrac{|Y - X_n|}{1 + |Y - X_n|}\right] \to 0, \quad n \to \infty$　□

また定理 2.4より次のことがわかる．

定理 2.6　確率変数の列 $\{X_n\}_{n=1}^{\infty}$ が確率変数 Y に法則収束することと，

$$E[\mathrm{e}^{\sqrt{-1}\xi X_n}] \to E[\mathrm{e}^{\sqrt{-1}\xi X}], \quad n \to \infty$$

がすべての $\xi \in \mathbf{R}$ に対して成立することは同値である．　□

§2.4　種々の収束の関係

前節で挙げた確率変数の収束の概念には次のような関係がある．

定理 2.7　$\{X_n\}_{n=1}^{\infty}$ を確率変数の列，X を確率変数とする．このとき，次のことが成立する．

(i) X_n が X に概収束するならば，X_n は X に確率収束する．

(ii) X_n が X に確率収束するならば，X_n は X に法則収束する．

(iii) X_n が X に2次平均収束するならば，X_n は X に確率収束する．

(iv) X_n が X に確率収束し，さらに，ある $\varepsilon > 0$ があって，

$$\sup_n E[|X_n|^{2+\varepsilon}] < \infty$$

ならば，X_n は X に2次平均収束する． □

上の定理の逆は成立しない(演習問題参照)．

§2.5 大数の法則

大数の法則 は確率論で最も重要な定理である．大数の法則にはいろいろな形がある．代表的なもの2つを挙げておく．

定理 2.8 $\{X_k\}_{k=1}^{\infty}$ は独立な確率変数の列で，

$$E[|X_k|^2] < \infty, \quad E[X_k] = m, \quad k = 1, 2, \cdots$$

であるとする．このとき，

$$\frac{1}{n} \sum_{k=1}^{n} X_k \to m \quad 概収束$$

となる． □

定理 2.9 $\{X_k\}_{k=1}^{\infty}$ は独立な確率変数の列で，その分布 $\mu_{X_n}, n = 1, 2, \cdots$ は同一であるとする．また

$$E[|X_1|] < \infty, \quad E[X_1] = m$$

であるとする．このとき，

$$\frac{1}{n} \sum_{k=1}^{n} X_k \to m \quad 概収束$$

となる． □

例えば，これらの定理から次のことが導かれる．

系 2.10 $\{A_k\}_{k=1}^{\infty}$ は独立な事象の列で，

$$p = P(A_1) = P(A_2) = \cdots$$

であるとする．このとき，

$$\frac{1}{n}\sum_{k=1}^{n}\chi_{A_k} \to p \quad \text{概収束}$$

□

系 2.10 により，確率がなぜ相対的頻度の極限として現れてくるのかが明らかになる．定理 2.8, 定理 2.9 のような形の大数の法則は Kolmogorov により初めて示された．その証明は長く複雑なのでここでは述べない．しかし系 2.10の証明は比較的簡単なのでここで述べておく．

$X_k = \chi_{A_k} - p$ とおくと，$\{X_k\}_{k=1}^{\infty}$ は独立な確率変数の列で，

$$\begin{aligned}&\log E[\exp(tX_k)]\\&\quad = -pt + \log(pe^t + (1-p)), \quad t \in \mathbf{R}\end{aligned}$$

となる．この式を $g(t)$ と書くことにする．いま，$\varepsilon > 0$ を任意にとり，

$$B_n = \{\omega \in \Omega; \frac{1}{n}\sum_{k=1}^{n}\chi_{A_k} > p + \varepsilon\}$$

とおく．すると，$t > 0$ に対して，

$$\begin{aligned}P(B_n) &= P(\sum_{k=1}^{n} t\cdot X_k > n\varepsilon\cdot t)\\&= P(\prod_{k=1}^{n}\exp(t\cdot X_k) > \exp(n\varepsilon\cdot t))\\&\leqq \exp(-n\varepsilon\cdot t)E[\prod_{k=1}^{n}\exp(t\cdot X_k)]\\&= \exp(-n\varepsilon\cdot t)\prod_{k=1}^{n}E[\exp(t\cdot X_k)]\\&= \{\exp(-\varepsilon t + g(t))\}^n\end{aligned}$$

となる．ここで，$\{\exp(t\cdot X_k)\}_{k=1}^{\infty}$ が独立な確率変数の列であることと定理 1.3 を用いた．

さて，容易にわかるように

$$g(0) = 0, \qquad g'(0) = 0$$

であるので，$t > 0$ が十分小さいならば，

$$a = -\varepsilon t + g(t) < 0$$

となる．すると，

$$\sum_{n=1}^{\infty} P(B_n) \leqq \sum_{n=1}^{\infty} e^{na} < \infty$$

を得，Borel-Cantelli の定理（定理 1.2）より，

$$P(\bigcap_{n=1}^{\infty}(\bigcup_{k=n}^{\infty}B_k))=0$$

がわかる．これは，いいかえれば

$$P(\limsup_{n\to\infty}\frac{1}{n}\sum_{k=1}^{n}\chi_{A_k}\leqq p+\varepsilon)=1$$

を意味している．$\varepsilon>0$ は任意だったので，これより

$$P(\limsup_{n\to\infty}\frac{1}{n}\sum_{k=1}^{n}\chi_{A_k}\leqq p)=1$$

を得る．同様にして，

$$P(\liminf_{n\to\infty}\frac{1}{n}\sum_{k=1}^{n}\chi_{A_k}\geqq p)=1$$

を得ることができる．したがって，

$$P(\lim_{n\to\infty}\frac{1}{n}\sum_{k=1}^{n}\chi_{A_k}=p)=1$$

すなわち，

$$\frac{1}{n}\sum_{k=1}^{n}\chi_{A_k}\to p\quad\text{概収束}$$

がわかる．これで定理の証明が完了する．

§2.6　中心極限定理

中心極限定理 は大数の法則と並んで確率論において基本的かつ重要な定理である．中心極限定理について述べる前に，まず次のような基礎的事実に注意しておく．

補題 2.11　$X_1,\cdots,X_n$ は独立な確率変数とする．確率変数 Y を

$$Y=X_1+\cdots+X_n$$

で定める．もし確率変数 $X_k, k=1,\cdots,n$ が 2 次モーメントをもてば，Y も 2 次モーメントをもち，

$$E[Y] = \sum_{k=1}^{n} E[X_k], \quad V(Y) = \sum_{k=1}^{n} V(X_k)$$

となる．

〔証明〕 最初の式は期待値の線形性より明らか．第 2 式を証明する．簡単のために，

$$E[X_k] = 0, \quad k = 1, \cdots, n$$

と仮定する．すると，定理 1.3より

$$E[X_i X_j] = E[X_i]E[X_j] = 0, \quad i \neq j$$

がわかる．これより

$$\begin{aligned} V(Y) &= E[(\sum_{k=1}^{n} X_k)^2] \\ &= \sum_{i,j=1}^{n} E[X_i X_j] = \sum_{k=1}^{n} E[X_k^2] \\ &= \sum_{k=1}^{n} V(X_k) \end{aligned}$$

となり第 2 式を得る． ∎

中心極限定理にはいろいろな形のものがあるが，ここでは代表的なものを 2 つあげておく．

定理 2.12 $\{X_n\}_{n=1}^{\infty}$ は独立な確率変数の列で，その分布 $\mu_{X_n}, n = 1, 2, \cdots$ は同一であるとする．さらに， X_1 は 2 次のモーメントをもち，

$$E[X_1] = m, \qquad V(X_1) = v$$

とする．いま，確率変数 $Z_n, n = 1, 2, \cdots$ を

$$Z_n = \frac{1}{\sqrt{n}} \sum_{k=1}^{n} (X_k - m)$$

で定め，Y を確率変数で，その分布は平均 0 ，分散 v の正規分布であるとする．このとき，

$$Z_n \to Y \quad 法則収束$$

となる． □

定理 2.13 $\{X_n\}_{n=1}^{\infty}$ は独立な確率変数の列で，それぞれ 3 次のモーメントをもつものとする．さらに，

$$E[X_n] = 0, \qquad n = 1, 2, \cdots$$

であり，

$$v_n = \sum_{k=1}^{n} V(X_k),$$
$$C_n = \sum_{k=1}^{n} E[|X_k|^3]$$

とおくと，

$$\frac{\max\{V(X_k); k=1,\cdots,n\}}{v_n} \to 0, \quad n\to\infty$$
$$\frac{C_n}{{v_n}^{3/2}} \to 0, \quad n\to\infty$$

であると仮定する．いま，確率変数 $Z_n, n=1,2,\cdots$ を

$$Z_n = \frac{1}{\sqrt{v_n}} \sum_{k=1}^{n} X_k$$

で定め，Y は確率変数で，その分布は平均 0，分散 1 の正規分布であるとする．このとき，

$$Z_n \to Y \quad 法則収束$$

となる． □

中心極限定理は重要なので証明のあらすじを述べておく．証明のアイデアはどちらも同様なので，定理 2.12 の証明についてのみ述べる．

仮定より，

$$E[\exp(\sqrt{-1}\xi Y)] = \exp(-\frac{v}{2}\xi^2)$$

である．定理 1.3 より，

$$\begin{aligned} E[\exp(\sqrt{-1}\xi Z_n)] &= \prod_{k=1}^{n} E[\exp(\sqrt{-1}(\xi/\sqrt{n})(X_k - m))] \\ &= E[\exp(\sqrt{-1}(\xi/\sqrt{n})(X_1 - m))]^n \end{aligned}$$

となる．一方，定理 2.3 より，

$$\begin{aligned} E[\exp(\sqrt{-1}t(X_1 - m))] &= \varphi(t;\mu_{X_1-m}) \\ &= 1 - \frac{v}{2}t^2 + o(t^2), \qquad t\to 0 \end{aligned}$$

また，

$$\exp(t) = 1 + t + o(t), \qquad t\to 0$$

であるから，

$$E\left[\exp\left(\sqrt{-1}\frac{\xi}{\sqrt{n}}(X_1 - m)\right)\right] = \exp\left(-\frac{v}{2n}\xi^2\right) + o\left(\frac{1}{n}\right), \qquad n \to \infty$$

を得る．よって，

$$E[\exp(\sqrt{-1}\xi Z_n)] \to E[\exp(\sqrt{-1}\xi Y)], \qquad n \to \infty$$

がわかる．これと定理 2.6より，定理 2.12 を得る．

§2.7 Poisson の小数の法則

中心極限定理により，正規分布が確率論において最も重要な確率分布であることがわかる．正規分布ほどではないが，これに次ぐ重要な確率分布が Poisson 分布である．その根拠となるのが次の **Poisson の小数**の法則である．

定理 2.14 $A_{n,k}$, $k = 1, \cdots, N_n$, $n = 1, 2, \cdots$ は事象の列，$\lambda > 0$, Z は確率変数で次の条件を満たすと仮定する．

(i) 各 n に対して $A_{n,1}, A_{n,2}, \cdots, A_{n,N_n}$ は独立．

(ii) $\max\{P(A_{n,k}); k = 1, \cdots, N_n\} \to 0, \quad n \to \infty$

(iii) $\sum_{k=1}^{N_n} P(A_{n,k}) \to \lambda, n \to \infty$

(iv) 確率変数 Z の分布は平均 λ の Poisson 分布．このとき，

$$\sum_{k=1}^{N_n} \chi_{A_{n,k}} \to Z \quad \text{法則収束}$$

［証明］ 証明の概略を述べておく．まず

$$E[\exp(\sqrt{-1}\xi\chi_{A_{n,k}})] = (1 - P(A_{n,k})) + P(A_{n,k})\mathrm{e}^{\sqrt{-1}\xi}$$

に注意する．このことと定理 1.3 より

$$E[\exp(\sqrt{-1}\xi \sum_{k=1}^{N_n} \chi_{A_{n,k}})] = \prod_{k=1}^{N_n} \{1 + P(A_{n,k})(\mathrm{e}^{\sqrt{-1}\xi} - 1)\}$$

となる．$\mathrm{e}^z = 1 + z + O(z^2), z \to 0$, $z \in \mathbf{C}$ であるから，

$$\begin{aligned}\lim_{n\to\infty} \prod_{k=1}^{N_n} \{1 + P(A_{n,k})(\mathrm{e}^{\sqrt{-1}\xi} - 1)\} &= \lim_{n\to\infty} \prod_{k=1}^{N_n} \exp(P(A_{n,k})(\mathrm{e}^{\sqrt{-1}\xi} - 1)) \\ &= \exp(\lambda(\mathrm{e}^{\sqrt{-1}\xi} - 1))\end{aligned}$$

を得る．これと定理 2.6 より定理を得る．　∎

演習問題

確率空間 $(\Omega, \mathcal{F}, P)$ として，空間 Ω は区間 $[0,1)$，確率測度 P は

$$P([a,b)) = b - a, \qquad 0 \leqq a \leqq b \leqq 1$$

で定まるものとする．

2.1　確率変数 $X, X_n, n = 1, 2, \cdots$ を

$$X(\omega) = 0, \quad X_n(\omega) = \begin{cases} 1, \ \omega \in [\frac{n-2^k}{2^k}, \frac{n-2^k+1}{2^k}) \\ 0, \ \omega \notin [\frac{n-2^k}{2^k}, \frac{n-2^k+1}{2^k}) \end{cases}$$

で定める．ここで，k は $2^k \leqq n < 2^{k+1}$ となる整数であり，また ω については $\omega \in [0,1)$ である．このとき，次のことが成り立つことを示せ．

(i)　X_n は X に確率収束する．

(ii)　X_n は X に 2 次平均収束する．

(iii)　X_n は X に概収束しない．

2.2　確率変数 $X, X_n, n = 1, 2, \cdots$ を

$$X_n(\omega) = [2^{n+1}\omega] - 2 \cdot [2^n\omega], \qquad \omega \in [0,1),$$
$$X(\omega) = X_1(\omega), \qquad \omega \in [0,1)$$

で定める．このとき，次のことが成り立つことを示せ．

(i)　X_n は X に法則収束する．

(ii)　X_n は X に確率収束しない．

2.3　確率変数 $X, X_n, n = 1, 2, \cdots$ を

$$X(\omega) = 0, \qquad \omega \in [0,1),$$
$$X_n(\omega) = \begin{cases} n, & \omega \in [0, 1/n) \\ 0, & \omega \in [1/n, 1) \end{cases}$$

で定める．このとき，次のことが成り立つことを示せ．

(i)　X_n は X に確率収束する．

(ii)　X_n は X に 2 次平均収束しない．

第3章

離散時間のマルチンゲールとMarkov過程

時間とともに変化していく確率現象を記述するために確率過程が用いられる．確率過程とは，T をパラメータの空間(ふつう T として，整数の集合 $\mathbf{Z}$，自然数の集合 $\mathbf{N}$，実数の集合 $\mathbf{R}$，区間などをとる)としたとき，パラメータをもつ確率変数の族 $\{X_t\}_{t\in T}$ のことをいう．確率過程はまず，パラメータの空間が整数の空間や自然数の空間のように離散的な場合と実数空間や区間のような連続的な場合に分けられる．連続パラメータの確率過程は数学的にはかなり複雑となる．しかし，連続パラメータの確率過程は連続であることが強い制約となって場合が限定され，さらに確率解析と呼ばれる微積分学に相当する演算を用いることが可能になるという利点がある．この章では離散時間の確率過程のみを取り扱い，次の2つの章で連続時間の確率過程を取り扱う．いずれの場合もMarkov過程及びマルチンゲールと呼ばれる2種類の確率過程がもっとも重要である．

§3.1 条件付き確率，条件付き期待値

以後この章では $(\Omega, \mathcal{F}, P)$ を確率空間とする．事象 A が起こったときの事象 B の条件付き確率 $P(B \mid A)$ は普通 $P(A\cap B)/P(A)$ で与えられる．しかし確率変数 X が連続な値をとるとき，すべての実数 x に対して $P(X=x)=0$ ということもありうるので，この定義では確率変数 X の値を知ったときの条件付き確率は $0/0$ となってしまい値が定まらない．いま，事象 $A_1,\cdots,A_m$ を，

$$\bigcup_{k=1}^{m} A_k = \Omega, \quad A_i \cap A_j = \emptyset, \quad i \neq j$$

を満たすものとする．このとき，$A_1, \cdots, A_m$の与える情報に対する Ω の部分 σ-集合族 $\mathcal{G}$ は

$$\mathcal{G} = \{\emptyset\} \cup \{A_{i_1} \cup \cdots \cup A_{i_n};\ 1 \leqq i_1 < \cdots < i_n \leqq m,\ n = 1, \cdots, m\}$$

で与えられる．いま，事象 Bに対して確率変数 f_Bを

$$f_B(\omega) = \sum_{k=1}^{m} P(B \mid A_k) \cdot \chi_{A_k}(\omega)$$

とおくと，$f_B(\omega)$ は $\omega \in A_k$ のとき条件付き確率 $P(B \mid A_k)$ を与える．そこで，この確率変数をもって情報 $\mathcal{G}$ が与えられたときの事象 Bの条件付き確率と考える．この確率変数 f_Bは次の 2 条件を満たすことが簡単に確かめられる．

(i)　任意の実数の集合 Cに対し，$f_B^{-1}(C)$ は $\mathcal{G}$ に属する．

(ii)　任意の $A \in \mathcal{G}$に対して，$E[f_B \cdot \chi_A] = P(B \cap A)$．

実は，いまあげたような簡単なものに限らずどのような Ω の部分 σ-集合族 $\mathcal{G}$ をもってきても各事象 Bに対し上の 2 条件を満たす確率変数 f_Bは常に存在し，しかも一通りに定まることが知られている (**Radon-Nykodim の定理**)．(一通りに定まるということは正確には確率 0 の部分をのぞいて一通りということである)．この確率変数 f_B のことを部分 σ-集合族 $\mathcal{G}$が与えられたときの事象 B の**条件付き確率**といい，$P(B|\mathcal{G})$ で表す．

性質 (i) のように，確率変数 X，σ-集合体 $\mathcal{G}$ に対して，$\sigma\{X\} \subset \mathcal{G}$ が成立するとき，確率変数 Xは **$\mathcal{G}$-可測**であるという．

条件付き期待値も同じように定義される．いま，$a_i \in \mathbf{R}$, $B_i \in \Omega$, $i = 1, \cdots, n$, X は $X = \sum_{i=1}^{n} a_i \chi_{B_i}$ で与えられる確率変数とする．このとき，部分 σ-集合族 $\mathcal{G}$が与えられたときの確率変数 X の条件付き期待値 g_X は，

$$g_X = \sum_{i=1}^{n} a_i P(B_i|\mathcal{G})$$

により与えられるべきであろう．このとき，確率変数 g_X は条件付き確率のときと同様に次を満たす．

(i)　g_Xは $\mathcal{G}$-可測．

(ii)　任意の $A \in \mathcal{G}$ に対して，$E[g_X \cdot \chi_A] = E[X \cdot \chi_A]$．

再び，Radon-Nykodim の定理により，どのような Ω の部分 σ-集合族 $\mathcal{G}$および どのような確率変数 X に対しても，$E[|X|] < \infty$ を満たすならば，上の 2 条件を満たす確率変数 g_Xは常に存在し，しかも一通りに定まることがわかる．この確率変数 g_X のことを部分 σ-集合族 $\mathcal{G}$ が与えられたときの確率変数 Xの**条件付き期待値**といい，$E[X|\mathcal{G}]$ で表す．

条件付き確率は条件付き期待値を用いて

$$P(B|\mathcal{G}) = E[\chi_B|\mathcal{G}], \quad B \subset \Omega$$

と表せる．また条件付き期待値は確率変数を確率変数に移す変換なので条件付き確率より記法の観点から取り扱い易い．

条件付き期待値については次のことが成立する．

補題 3.1 X, Y は $E[|X|] < \infty, E[|Y|] < \infty$ を満たす確率変数，$\mathcal{G}, \mathcal{H}$ は部分 σ-集合族とする．このとき以下のことが成立する．

(i) $E[1|\mathcal{G}] = 1$.

(ii) $\mathcal{G}$ が $\mathcal{G} = \{\emptyset, \Omega\}$ で与えられるσ-集合族ならば，$E[X|\mathcal{G}] = E[X]$.

(iii) X が $\mathcal{G}$-可測ならば，$E[XY|\mathcal{G}] = X \cdot E[Y|\mathcal{G}]$.

(iv) $X \geqq 0$ ならば，$E[X|\mathcal{G}] \geqq 0$.

(v) $a, b \in \mathbf{R}$ に対して，$E[aX + bY|\mathcal{G}] = aE[X|\mathcal{G}] + bE[Y|\mathcal{G}]$.

(vi) $\mathcal{H} \subset \mathcal{G}$ ならば，$E[E[X|\mathcal{G}]|\mathcal{H}] = E[X|\mathcal{H}]$.

(vii) $\sigma\{X\}$ と $\mathcal{G}$ が独立ならば，$E[X|\mathcal{G}] = E[X]$.

［証明］ (i) から (vi) の証明は読者への演習とし，(vii) のみを証明する．$g = E[X]$ が条件付き期待値の性質 (i),(ii) を満たせばよい．g が $\mathcal{G}$-可測であることは明らか．$B \in \mathcal{G}$ とすると χ_Bと Xは独立．よって，定理 1.3より

$$E[X \cdot \chi_B] = E[X]E[\chi_B] = E[g\chi_B]$$

となる．よって，$E[X|\mathcal{G}] = g$ であることがわかる． ∎

§3.2 σ-集合族の増大列と停止時刻

$\mathcal{F}$ の部分 σ-集合族の列 $\{\mathcal{F}_n\}_{n=0}^{\infty}$ で $\mathcal{F}_0 \subset \mathcal{F}_1 \subset \mathcal{F}_2 \subset \cdots$ を満たすものを **σ-集合族の増大列**という．これは情報の増大していく様子を表している．

σ-集合族の増大列 $\{\mathcal{F}_n\}_{n=0}^{\infty}$が与えられたとき，$\tau$ が $\{\mathcal{F}_n\}_{n=0}^{\infty}$-**停止時刻**であ

るとは,

(i) τ が Ω のうえで定義され, 非負整数または ∞ に値をとる関数であり,

(ii) $\{\tau = n\} \in \mathcal{F}_n, n = 0, 1, 2, \cdots$ を満たすものをいう.

σ-集合族の増大列が何であるか明らかであるときは単に**停止時刻**という.

$\mathcal{F}_n$ を時刻 n までに得た情報を表すものと考え, 事象に依存して決まる時刻 τ で試行を停止すると考えると, $\{\tau = n\}$ という条件は, 時刻 n で停止するか否かは, 時刻 n までの情報から決定できるということを表している. すなわち, 停止時刻とは「人間に可能な停止計画」の意味である (演習問題参照).

停止時刻は次のような性質を持つ. 証明はむずかしくないので読者への演習とする.

補題 3.2　確率空間 $(\Omega, \mathcal{F}, P)$ および σ-集合族の増大列 $\{\mathcal{F}_n\}_{n=0}^{\infty}$ は与えられているとする.

(i) $\tau : \Omega \to \{0, 1, 2, \cdots\} \cup \{\infty\}$ が停止時刻である必要十分条件は $\{\tau \leqq n\} \in \mathcal{F}_n (n = 0, 1, \cdots)$ となること.

(ii) $\tau \equiv n$ ならば, τ は停止時刻 $(n = 0, 1, 2, \cdots)$.

(iii) τ, σ が停止時刻ならば, $\tau \wedge \sigma, \tau \vee \sigma$ も停止時刻.

(iv) τ, σ が停止時刻ならば, $\tau + \sigma$ も停止時刻.　□

§3.3 停止時刻までの情報

$(\Omega, \mathcal{F}, P)$ を確率空間, $\{\mathcal{F}_n\}_{n=0}^{\infty}$ を σ-集合族の増大列, τ を $\{\mathcal{F}_n\}_{n=0}^{\infty}$ の停止時刻とする. このとき, σ-集合族 $\mathcal{F}_\tau$ を

$$\mathcal{F}_\tau = \{A \in \mathcal{F};\ A \cap \{\tau \leqq n\} \in \mathcal{F}_n,\ n = 0, 1, 2, \cdots\}$$

により定義する. $\mathcal{F}_n$ を時刻 n までの情報と考えたとき, $\mathcal{F}_\tau$ は停止時刻 τ までの情報を表すと考えられる (何故かは読者各自で考えてほしい).

以下その性質をあげる.

補題 3.3

(i) $\tau \equiv n,\ n = 0, 1, 2, \cdots$ ならば, $\mathcal{F}_\tau = \mathcal{F}_n$.

(ii) τ, σ が停止時刻であり, $A \in \mathcal{F}_\tau$ ならば, $A \cap \{\tau \leqq \sigma\} \in \mathcal{F}_\sigma$.

(iii) τ, σ が停止時刻であり, $\tau(\omega) \leqq \sigma(\omega),\ \omega \in \Omega$ ならば, $\mathcal{F}_\tau \subset \mathcal{F}_\sigma$.

(iv) τ, σ が停止時刻ならば,

$$\{\tau \leqq \sigma\},\ \{\tau = \sigma\},\ \{\tau \geqq \sigma\} \in \mathcal{F}_{\tau \wedge \sigma}.$$

［証明］ 証明はどれも似たようなものなので (ii) のみ証明する．$A \in \mathcal{F}_\tau$ とすると,

$$\begin{aligned} A \cap \{\tau \leqq \sigma\} \cap \{\sigma \leqq n\} &= \bigcup_{k=1}^{n} (A \cap \{\tau \leqq k\} \cap \{\sigma = k\}) \\ &\in \mathcal{F}_n \end{aligned}$$

より，$A \cap \{\tau \leqq \sigma\} \in \mathcal{F}_\sigma$ がわかる． ∎

§3.4 Markov 過程

数学的な議論に入る前に，Markov 性の直観的意味について述べておく．いま，パラメータの空間は $\mathbf{N}_0$ とする．ただし $\mathbf{N}_0 = \{0, 1, 2, \cdots\}$ である．確率過程 $\{X_n\}_{n \in \mathbf{N}_0}$ が Markov 性を持つとは，すべての $n \geqq 0$ に対して，X_{n+1} の $X_0, X_1, \cdots, X_n$ が与えられたときの条件付き確率分布が X_{n+1} の X_n が与えられたときの条件付き分布に等しいことをいう．

また，確率過程 $\{X_n\}_{n \in \mathbf{N}_0}$ が時間に関して一様な Markov 過程であるとは，Markov 性を持ち，さらに X_{n+1} の $X_n = x$ 条件付き確率分布が，$x \in \mathbf{R}$ のみに依存して $n \in \mathbf{N}_0$ に依存しないことをいう．

この本では時間について一様な Markov 過程のみを扱う．いま述べた定義のごときものは，よく考えてみるとたいへん曖昧なものである．数学的にこれを正当化するには，見かけ上ずいぶん違った設定を行う必要がある．この本では状態が有限か可算無限個である場合のみ取り扱う．

§3.5 離散パラメータの Markov 過程の定義

いま，S を有限または可算無限個の元をもつ集合とする．以後，確率過程の各時刻での状態を S の元で表すので，S は状態空間と呼ばれる．簡単のために $S = \{1, \cdots, N\}$, $N \geqq 2$ と考えて頂いても構わない．また，W_S をパラメータ集合 $\mathbf{N}_0$ から状態空間 S への写像全体，すなわち $W_S = \{w : \mathbf{N}_0 \to S\}$ とす

る．これは Markov 過程の軌跡全体の集合と考えられるが，これを事象の全空間とみなす．各 $n \in \mathbf{N}_0$ に対して確率変数 $X_n : W_S \to S$ を $X_n(w) = w(n)$, $w \in W_S$ で定義し，部分 σ-集合族 $\mathcal{F}_n$ を $\mathcal{F}_n = \sigma\{X_k; k = 0, ..., n\}$ で定義する．さらに，集合 W_S 上の写像 $\theta_n : W_S \to W_S$, $n \geqq 0$ を

$$(\theta_n(w))(k) = w(k+n), \quad k \in \mathbf{N}_0, \quad w \in W_S$$

で定義する．これは時間をずらす作用素である．

定義 3.1 状態空間 S に値をとる (時間的に一様な)**Markov 過程**とは，次の条件を満たす空間 W_S 上の確率測度の族 $\{P_x; x \in S\}$ のことをいう．

(i) $P_x(w(0) = x) = 1$

(ii) すべての有界関数 $f : W_S \to \mathbf{R}$ および $n \geqq 0, x \in S$ に対し，

$$E^{P_x}[f \circ \theta_n | \mathcal{F}_n] = E^{P_{X_n}}[f]$$

が成り立つ． □

ここで $E^{P_x}[\cdot|\mathcal{F}_n]$ は，確率空間を $(W_S, \mathcal{F}, P_x)$ としたときの条件付き期待値を表す．また，$E^{P_{X_n}}[f]$ は ω に対し，$E^{P_y}[f]$ (ただし $y = X_n(\omega)$) を対応させる確率変数である．ここで確率測度 P_x は，前節の直観的な説明においての $X_0 = x$ (x が出発点) の条件のもとで確率過程 $\{X_n\}_{n \in \mathbf{N}_0}$ のつくる分布と考えてほしい．

この定義はわかりにくいので，定義から何がいえるのか考えていく．$p_{xy}, x, y \in S$ を，

$$p_{xy} = P_x(X_1 = y)$$

で決める．明らかに，

$$p_{xy} \geqq 0, \quad x, y \in S, \quad \sum_{y \in S} p_{xy} = 1, \quad x \in S$$

が成り立つ．$y_k \in S, k = 1, 2, \cdots$ とし，$f_k : S \to [0, \infty)$, $k = 1, 2, \cdots$ を

$$f_k(x) = \begin{cases} 1 & x = y_k \\ 0 & x \neq y_k \end{cases}$$

とおく．すると，

$$\begin{aligned} &P_x(X_k = y_k, k = 1, 2, \cdots, n+1) \\ &= E^{P_x}[f_1(X_1) f_2(X_2) \cdots f_{n+1}(X_{n+1})] \end{aligned}$$

$$= E^{P_x}[f_1(X_1)f_2(X_2)\cdots f_n(X_n)\cdot f_{n+1}(X_1\circ\theta_n)]$$
$$= E^{P_x}[f_1(X_1)f_2(X_2)\cdots f_n(X_n)\cdot E^{P_x}[f_{n+1}(X_1\circ\theta_n)|\mathcal{F}_n]]$$
$$= E^{P_x}[f_1(X_1)f_2(X_2)\cdots f_n(X_n)\cdot E^{P_{X_n}}[f_{n+1}(X_1)]]$$
$$= E^{P_x}[E^{P_{X_n}}[f_{n+1}(X_1)], X_k = y_k, k=1,2,\cdots,n]$$
$$= P_x(X_k = y_k, k=1,2,\cdots,n)\cdot p_{y_n y_{n+1}}$$

となる．ここで，$f_1(X_1)f_2(X_2)\cdots f_n(X_n)$ が $\mathcal{F}_n$-可測であること，条件付き期待値の性質 (補題 3.1) および Markov 過程の定義 3.1 を用いた．これより帰納的に

$$P_x(X_k = y_k, k=1,2,\cdots,n) = p_{xy_1}p_{y_1y_2}\cdots p_{y_{n-1}y_n}$$
$$(\text{ただし}, n \geqq 1,\ x, y_1, y_2, \cdots \in S)$$

を得る．実はこれより確率測度の族 $\{P_x; x\in S\}$ は決まってしまう．これを補題として述べておく．

補題 3.4 Markov 過程は $P_x(X_1 = y)$，$x, y\in S$ が決まれば一通りに決まる．逆に，

$$p_{xy} \geqq 0, \qquad x, y \in S, \qquad \sum_{y\in S} p_{xy} = 1,\ x\in S \tag{3.1}$$

を満たす $p_{xy}, x, y\in S$ が与えられれば

$$P_x(X_1 = y) = p_{xy}, \quad x, y \in S$$

を満たす Markov 過程が存在する． □

この補題を根拠にして，性質 (3.1) を満たす $p_{xy}, x, y \in S$ から始めて Markov 過程を定義する流儀もある．この流儀の方が，いきなり確率測度の族 $\{P_x; x\in S\}$ のような大きく複雑な対象に踏み込まないという利点がある．しかし，しばしば確率過程に対する直観を殺してしまうのでこの本ではこの流儀をとらなかった．

§3.6 Markov 過程の基本的性質

$p_n(x,y) = P_x(X_n = y)$，$n \geqq 0$，$x, y\in S$ とおくと，

$$p_n(x,y) = \sum_{z_1,\cdots,z_{n-1}\in S} p_{xz_1}p_{z_1z_2}\cdots p_{z_{n-1}y}$$

がわかる．もし，S が有限集合ならばこれは行列の積にほかならない．すなわち，$P = (p_{xy})_{x,y\in S}$ で行列 P を決めると

$$p_n(x,y) = (P^n)_{xy}$$

である．次のことも明らかであろう．

補題 3.5

$$p_{n+m}(x,y) = \sum_{z\in S} p_n(x,z)p_m(z,y), n,m \geqq 0, x,y \in S$$

□

$x,y \in S$ に対して $p_n(x,y) > 0$ となるような $n \geqq 0$ が存在するとき $x \to y$ と表すことにする．補題 3.5 より容易に次のことがわかる．

補題 3.6

(i) $x \to x, x \in S$

(ii) $x,y,z \in S$ に対して，$x \to y, y \to z$ ならば $x \to z$ □

Markov 過程の性質を調べるためにはいくつかの概念を導入する必要がある．

定義 3.2 Markov 過程が**既約**であるとは，すべての $x,y \in S$ に対して $x \to y$ となること． □

定義 3.3 $x \in S$ に対して x の**周期** $d(x)$ を次のように定める．

(i) すべての $n \geqq 1$ に対して $p_n(x,x) = 0$ のとき，$d(x) = \infty$

(ii) それ以外のとき，$d(x)$ は $\{n \geqq 1; p_n(x,x) > 0\}$ の最大公約数． □

次の補題は簡単な整数論の問題である．

補題 3.7

(i) $x,y \in S$ とする．$x \to y, y \to x$ ならば，$d(x) = d(y)$

(ii) $x \in S$ とする．$d(x) < \infty$ ならば，$P_{n\cdot d(x)}(x,x) > 0, n \geqq M$ となるような自然数 M がある． □

補題 3.7 より既約であれば周期 $d(x)$ は $x \in S$ によらないことがわかる．このとき $d(x)$ を単に **Markov 過程の周期**と呼ぶ．

§3.7 Markov 過程の例

補題 3.4 により，状態空間 S および性質 (3.1) を満たす $p_{xy}, x, y \in S$ を与えれば Markov 過程が定まる．いくつか代表的な例をあげる．

例 3.1 (さいころを振る) これは独立試行であるが，独立試行は Markov 過程とみなすことができる．この場合は

$$S = \{1, 2, \cdots, 6\}, \qquad p_{xy} = \frac{1}{6}$$

である．この Markov 過程は既約で周期は 1 である． □

例 3.2 (ランダムウォーク) d 次元の正方格子 $\mathbf{Z}^d$ の上で，各時刻に独立に等確率で隣接点にジャンプする**ランダムウォーク**は Markov 過程と考えられる．それは，

$$S = \mathbf{Z}^d, \qquad p_{xy} = \begin{cases} \dfrac{1}{2d} & |x-y| = 1 \\ 0 & |x-y| \neq 1 \end{cases}$$

で与えられる．この Markov 過程は既約で周期は 2 である． □

例 3.3 (待ち行列) いま，鉄道の切符売り場に窓口が 1 つだけあるとする．各単位時間に客が 1 人さばけるとして，何人の客が各時刻に待たされるかを考えよう．最も単純な仮定として，客は各時刻ごとにまったく独立にきてその人数が $k (k \geqq 0)$ である確率が a_k であるとする．もちろん

$$a_k \geqq 0, \quad k = 0, 1, \cdots, \quad \sum_{k=0}^{\infty} a_k = 1$$

である．ある時刻に並んでいる客が i 人であるとき，次の時刻に j 人が並ぶ確率 p_{ij} は

$$p_{ij} = \begin{cases} a_{j-i+1} & i \geqq 1,\ j \geqq i-1 \\ a_{j-i} & i = 0,\ j \geqq i \\ 0 & \text{その他の場合} \end{cases}$$

となる．したがって，$S = \{0, 1, 2, \cdots\}$ と考えることにより，Markov 過程が決

まり，これが待ち行列の数学モデルとなる．$a_0>0, a_1>0$ ならばこの Markov 過程は既約で周期は 1 である． □

例 3.4 (分枝過程)　各世代ごとに，各個体が独立に個体を生み自分自身は消滅するという生物の出生消滅の最も単純な数学モデルを考える．1つの個体が k 個 ($k \geqq 0$) の個体を生む確率を a_k とする ($a_k \geqq 0$, $k=0,1,\cdots$, $\sum_{k=0}^{\infty} a_k = 1$ である)．このとき第 n 世代の個体数は

$$S=\{0,1,2,\cdots\}, \quad p_{ij}=\begin{cases} \displaystyle\sum_{k_1+\cdots+k_i=j} a_{k_1}\cdots a_{k_i} & i \geqq 1 \\ 1 & i=0,\ j=0 \\ 0 & i=0,\ j \geqq 1 \end{cases}$$

の Markov 過程により与えられる．$a_0>0$ ならばこの Markov 過程は既約ではない． □

§3.8　強 Markov 性

以下この章では状態空間 S 上の Markov 過程が与えられているものとする．$\mathcal{F}_n$, $n=0,1,2,\cdots$ は増大する σ-集合族であることに注意する．σ を $\{\mathcal{F}_n\}$-停止時刻としよう．停止時刻 σ に対して，$X_\sigma:\{\sigma<\infty\}\to S$ および，$\theta_\sigma:\{\sigma<\infty\}\to W_S$ を

$$X_\sigma(w)=w(\sigma(w)), \quad (\theta_\sigma(w))(n)=w(\sigma(w)+n)$$

により定義する．

このとき，次のことが成立する．

定理 3.8 (強 Markov 性)　σ を停止時刻とする．このとき，すべての有界関数 $f: W_S \to \mathbf{R}$ および $x \in S$ に対し，

$$E^{P_x}[\chi_{\{\sigma<\infty\}}\cdot f\circ\theta_\sigma|\mathcal{F}_\sigma]=\chi_{\{\sigma<\infty\}}\cdot E^{P_{X_\sigma}}[f]$$

が成り立つ．ここで，

$$\chi_{\{\sigma<\infty\}}(w)=\begin{cases} 1 & \sigma(w)<\infty \\ 0 & \sigma(w)=\infty \end{cases}$$

であり，$\chi_{\{\sigma<\infty\}}\cdot f\circ\theta_\sigma$ や，$\chi_{\{\sigma<\infty\}}\cdot E^{P_{X_\sigma}}[f]$ は $\{\sigma=\infty\}$ 上では 0 とする．□

強 Markov 性の意味を説明しておく．Markov 性とは，時刻 n で x の位置にいることがわかれば，その後の確率過程の挙動は時刻 n 以前の状況と関係なく，x から再び出発すると考えて構わないということであった．強 Markov 性も同じで，停止時刻 σ で x の位置にいることがわかれば，その後の確率過程の挙動はそれ以前の状況と関係なく，x から再び出発すると考えてよいということを意味する．定理 3.8 は Markov 性が成り立てば必ず強 Markov 性が成り立つことを意味する．これは時間が離散的であるから成立することで，連続的であるときには奇妙な反例がある (この本では連続時間の場合の強 Markov 性にはふれない)．

［証明］ 証明のあらすじだけを与えておく．$A \in \mathcal{F}_\sigma$ とするとき，各 $n \in \mathbf{N}_0$ に対して

$$E^{P_x}[\chi_{\{\sigma=n\}} f \circ \theta_n \chi_A] = E^{P_x}[\chi_{\{\sigma=n\}} \chi_A E^{P_{X_n}}[f]]$$

を示せばよい．しかし，$A \cap \{\sigma = n\} \in \mathcal{F}_n$ であるから，$\chi_{\{\sigma=n\}}\chi_A$ が $\mathcal{F}_n$-可測であることがわかり，これより Markov 性を用いて定理が示される． ∎

強 Markov 性を用いてどのようなことができるか見ていく．A を S の部分集合とする．停止時刻 $\sigma_A^n, n \geqq 0$ を次のように定める．

$$\begin{aligned} \sigma_A^0 &\equiv 0 \\ \sigma_A^1 &= \min\{k \geqq 1; w(k) \in A\} \\ \sigma_A^{n+1} &= \min\{k > \sigma_A^n; w(k) \in A\} \end{aligned}$$

ただし，$\min \emptyset = \infty$ とする．σ_A^n は n 回目に集合 A に戻る時刻である．このとき，当然のことながら

$$\sigma_A^{n+1} = \sigma_A^n + \sigma_A^1 \circ \theta_{\sigma_A^n}$$

となることがわかる．

Δ を S に属さない元とし，$S_A = A \cup \{\Delta\}$ とおく．$\{Q_x; x \in S_A\}$ を S_A を新たな状態空間とする Markov 過程で

$$Q_x(X_1 = y) = \begin{cases} P_x(\sigma_A^1 < \infty, X_{\sigma_A^1} = y) & x, y \in A \\ P_x(\sigma_A^1 = \infty) & x \in A,\ y = \Delta \\ 1 & x = \Delta,\ y = \Delta \\ 0 & x = \Delta,\ y \in A \end{cases}$$

を満たすものとする．このとき，強 Markov 性の定理 (定理 3.8) により，

$$P_x(\sigma_A^n < \infty,\ X_{\sigma_A^k} = y_k,\ k = 1, \cdots, n) = Q_x(X_k = y_k,\ k = 1, \cdots, n)$$

がすべての $n \geqq 1,\ x, y_1, \cdots, y_n \in A$ に対して成立する．(Δ は Markov 過程が集合 A に戻らない場合の仮の行き先で，確率を 1 に保つためのダミーである．現実の世界に属さず行ったら戻ってこれない「あの世」のようなものである．)

したがって，新たな S_A上の Markov 過程 $\{Q_x; x \in S_A\}$ から元の Markov 過程の A 上での動きを完全に知ることができる．

§3.9 再帰性

$\{P_x; x \in S\}$ を既約な S 上の Markov 過程とする．

定義 3.4 Markov 過程が再帰的であるとは，すべての $x \in S$ に対して

$$P_x(\#(\{n \in \mathbf{N}; w(n) = x\}) = \infty) = 1$$

となることをいう．再帰的でないとき，遷移的であるという．　□

すなわち再帰的であるとは出発点に無限回戻ってこれることである．強 Markov 性を用いて再帰性を調べることができる．まず次のことがわかる．

補題 3.9

$$\sigma_x(w) = \min\{n \geqq 1; w(n) = x\},\ x \in S,\ w \in W$$

とおく．Markov 過程が再帰的である必要十分条件は

$$P_x(\sigma_x < \infty) = 1$$

がすべての $x \in S$ に対して成り立つことである．

［証明］ 前節で集合 A として集合 $\{x\}$ をとると，$\sigma_x = \sigma_A^1$ であるから，

$$P_x(\sigma_A^n < \infty, X_{\sigma_A^k} = x, k = 1, \cdots, n) = (P_x(\sigma_x < \infty))^n$$

を得る．これより，

$$P_x(\#(\{k \geqq 1; w(k) = x\}) \geqq n) = (P_x(\sigma_x < \infty))^n$$

がわかる．

$$P_x(\#(\{k \geqq 1; w(k) = x\}) = \infty) = \lim_{n\to\infty} P_x(\#(\{k \geqq 1; w(k) = x\}) \geqq n)$$

であるから，補題が証明された． ∎

定理 3.10

(i) $s \in (0,1)$, $x, y \in S$ に対して，

$$G(s,x,y) = \sum_{n=0}^{\infty} s^n p_n(x,y)$$

とおく．このとき，

$$E^{P_x}[s^{\sigma_y}, \sigma_y < \infty]\, G(s,y,y) = G(s,x,y) - \delta_{xy}$$

が成立する．

(ii) 再帰的である必要十分条件は

$$\lim_{s\uparrow 1} G(s,x,x) = \infty$$

がある $x \in S$ に対して成立すること．

[証明] (i) 強 Markov 性 (定理 3.8) により

$$\begin{aligned}
\sum_{n=1}^{\infty} s^n p_n(x,y) &= \sum_{n=1}^{\infty}\sum_{k=1}^{n} s^n P_x(\sigma_y = k,\ w(n) = y) \\
&= \sum_{m=0}^{\infty}\sum_{k=1}^{\infty} s^{m+k} P_x(\sigma_y = k,\ w(k+m) = y) \\
&= \sum_{m=0}^{\infty} s^m E^{P_x}[s^{\sigma_y} \cdot \chi_{\{X_m = y\}} \circ \theta_{\sigma_y}] \\
&= \sum_{m=0}^{\infty} s^m E^{P_x}[s^{\sigma_y} E^{P_x}[\chi_{\{\sigma_y < \infty\}} \cdot \chi_{\{X_m = y\}} \circ \theta_{\sigma_y} | \mathcal{F}_{\sigma_y}]] \\
&= \sum_{m=0}^{\infty} s^m E^{P_x}[s^{\sigma_y} E^{P_y}[\chi_{\{X_m = y\}}]] \\
&= E^{P_x}[s^{\sigma_y}]\, G(s,y,y)
\end{aligned}$$

となる．ただしここで $s^{\infty} = 0$ とした．これより (i) がわかる．(i) より，

$$E^{P_x}[s^{\sigma_x}, \sigma_x < \infty] = 1 - G(s,x,x)^{-1}$$

を得る．

$$P_x(\sigma_x < \infty) = \lim_{s \uparrow 1} E^{P_x}[s^{\sigma_x}, \sigma_x < \infty]$$

であるから，$P_x(\sigma_x < \infty) = 1$ のための必要十分条件は$\lim_{s\uparrow 1} G(s,x,x) = \infty$ となる．これより (ii) がわかる．

∎

ランダムウォーク（§3.2 の例 3.2）の再帰性については，次のことが成り立つ．

定理 3.11 d 次元の正方格子上のランダムウォークは $d = 1, 2$ のとき再帰的であり，$d \geqq 3$ のとき遷移的である．

［証明］ この定理は 3 つのステップにより証明される．

ステップ 1： $x \in \mathbf{Z}, \xi \in \mathbf{R}^d$, $n \geqq 0$ に対して，

$$\sum_{y \in \mathbf{Z}} p_n(x, x+y) \exp(2\pi\sqrt{-1}y \cdot \xi) = (\varphi(\xi))^n$$

ただし，

$$\varphi(\xi) = \frac{1}{d} \sum_{k=1}^{d} \cos(2\pi\xi_k)$$

である．

ステップ 2： Fourier 級数の理論を用いて，

$$G(s, x, x) = \int_{(-1/2,1/2)^d} \frac{d\xi}{1 - s\varphi(\xi)}$$

を示す．

ステップ 3：

$$\int_{(-1/2,1/2)^d} \frac{\mathrm{d}\xi}{1-\varphi(\xi)} \begin{cases} = \infty & d = 1, 2 \\ < \infty & d \geqq 3 \end{cases}$$

を示す．

∎

§3.10 極限定理

Markov 過程に対して大数の法則のようなものが成り立つかどうかは興味ある問題である．確率測度 $P_x, x \in S$ の下での X_n の分布の極限が存在するかを

考える．次のことが成立する．

定理 3.12 既約で再帰的な Markov 過程に対して次のことが成立する．

(i) S 上の正値関数 $\rho : S \to (0,\infty)$ で

$$\sum_{x \in S} \rho(x) p_{xy} = \rho(y), \quad y \in S$$

を満たすものが存在する．とくに，

$$\sum_{x \in S} \rho(x) P_x(X_0 = y_0, X_1 = y_1, \cdots, X_n = y_n)$$
$$= \sum_{x \in S} \rho(x) P_x(X_m = y_0, X_{m+1} = y_1, \cdots, X_{m+n} = y_n)$$

がすべての $n, m \geqq 1, y_0, y_1, \cdots, y_n \in S$ に対して成立する．

(ii) もし S 上の非負値関数 $g : S \to [0,\infty)$ が

$$\sum_{x \in S} g(x) p_{xy} = g(y), \quad y \in S$$

を満たすならば，$g(x) = c \cdot \rho(x), x \in S$ となる非負数 $c \in [0,\infty)$ が存在する．

(iii) もし，周期が 1 で，(i) の関数 ρ が $\sum_{x \in S} \rho(x) = 1$ を満たすならば，

$$P_x(X_n = y) \to \rho(y)$$

がすべての $x, y \in S$ に対して成立する．すなわち，ρ は定常確率である．□

とくに状態空間が有限集合のときは次のようになる．

系 3.13 状態空間が有限集合である既約で再帰的な Markov 過程に対して次のことが成立する．

(i) S 上の正値関数 $\rho : S \to (0,\infty)$ で

$$\sum_{x \in S} \rho(x) = 1, \qquad x \in S$$
$$\sum_{x \in S} \rho(x) p_{xy} = \rho(y), \quad y \in S$$

を満たすものがただ 1 つ存在する．

(ii) もし S 上の関数 $g : S \to \mathbf{R}$ が

$$\sum_{x \in S} g(x) p_{xy} = g(y), \quad y \in S$$

を満たすならば，$g(x) = c \cdot \rho(x), x \in S$ となる実数 c が存在する．

(iii)　もし周期が 1 ならば,

$$P_x(X_n = y) \to \rho(y)$$

がすべての $x, y \in S$ に対して成立する. □

系 3.13は Perron-Frobenius の定理の特別な場合である. したがって, 定理 3.12 は Perron-Frobenius の定理の無限次元への拡張の 1 つと見なせる.

定理 3.12に現れる関数 ρ を求めることは一般にはむずかしい. しかし, ρ が簡単に求まる場合がある.

定義 3.5　Markov 過程が $\rho : S \to (0, \infty)$ に関して**対称**であるとは

$$\rho(x)p_{xy} = \rho(y)p_{yx}$$

がすべての $x, y \in S$ に対して成立することをいう. □

Markov 過程が $\rho : S \to (0, \infty)$ に関して対称であるならば

$$\begin{aligned}\sum_{x \in S} \rho(x)p_{xy} &= \sum_{x \in S} \rho(y)p_{yx} \\ &= \rho(y) \sum_{x \in S} p_{yx} \\ &= \rho(y)\end{aligned}$$

となる. 対称な Markov 過程については次のことが知られている.

定理 3.14　Markov 過程が既約で $\rho : S \to (0, \infty)$ に関して対称であり,

$$\sum_{x \in S} \rho(x) = 1$$

ならばこの Markov 過程は再帰的である. さらに周期が 1 ならば,

$$P_x(X_n = y) \to \rho(y)$$

がすべての $x, y \in S$ に対して成立する. □

この定理の応用としてはモンテカルロ法による最適値問題の解法 simulated annealing がある.

§3.11 マルチンゲール

この節では 確率空間は $(\Omega, \mathcal{F}, P)$, $\{\mathcal{F}_n\}_{n=0}^{\infty}$を増大する σ-集合族とする.

定義 3.6　確率変数列 $\{X_n\}_{n=0}^{\infty}$が $\{\mathcal{F}_n\}_{n=0}^{\infty}$-**マルチンゲール**であるとは,

(i)　確率変数 X_n, $n = 0, 1, \cdots$ は $\mathcal{F}_n$-可測,

(ii) $E[|X_n|] < \infty$, $n = 0, 1, \cdots$,

(iii) $E[X_{n+1}|\mathcal{F}_n] = X_n$, $n = 0, 1, \cdots$ が成立することをいう. □

何が増大する σ-集合族であるかが明らかなときは単にマルチンゲールと呼ぶ. 次のことは明らかであろう.

補題 3.15 $\{X_n\}_{n=0}^{\infty}, \{Y_n\}_{n=0}^{\infty}$ がマルチンゲール, $a, b \in \mathbf{R}$ ならば, $\{a \cdot X_n + b \cdot Y_n\}_{n=0}^{\infty}$ もマルチンゲール. □

$\{X_n\}_{n=0}^{\infty}$をマルチンゲール, τ を $\tau(\omega) < \infty, \omega \in \Omega$ を満たす停止時刻とする. このとき新たな確率変数 X_τを

$$X_\tau(\omega) = X_{\tau(\omega)}(\omega), \quad \omega \in \Omega$$

により定義する.

補題 3.16 確率変数 X_τは $\mathcal{F}_\tau$可測.

[証明] $A \subset \mathbf{R}$ とすると

$$\{X_\tau \in A\} \cap \{\tau \leqq n\} = \bigcup_{k=1}^{n} (\{\tau = k\} \cap \{X_k \in A\}) \in \mathcal{F}_n$$

よりわかる. ∎

マルチンゲールは Doob により詳しく調べられた. 次の結果が重要である.

定理 3.17 $\{X_n\}_{n=0}^{\infty}$はマルチンゲール, σ, τ は停止時刻とする.

(i) $\{X_{\tau \wedge n}\}_{n=0}^{\infty}$も $\{\mathcal{F}_n\}_{n=0}^{\infty}$-マルチンゲールとなる.

(ii) ある自然数 Nがあって

$$\sigma(\omega) \leqq \tau(\omega) \leqq N, \quad \omega \in \Omega$$

が成り立つならば,

$$E[X_\tau|\mathcal{F}_\sigma] = X_\sigma$$

が成り立つ.

[証明] (i) の証明のみ与えておく. $n \geqq 0, A \in \mathcal{F}_n$とすると $A \cap \{\tau > n\} \in \mathcal{F}_n$ である. したがって,

$$\begin{aligned} E[X_{\tau \wedge (n+1)}, A] &= E[X_{n+1}, A \cap \{\tau > n\}] + E[X_\tau, A \cap \{\tau \leqq n\}] \\ &= E[E[X_{n+1}|\mathcal{F}_n], A \cap \{\tau > n\}] + E[X_\tau, A \cap \{\tau \leqq n\}] \\ &= E[X_n, A \cap \{\tau > n\}] + E[X_\tau, A \cap \{\tau \leqq n\}] \\ &= E[X_{\tau \wedge n}, A] \end{aligned}$$

を得る．これより

$$E[X_{\tau\wedge(n+1)}|\mathcal{F}_n] = X_{\tau\wedge n}$$

がわかる． ∎

定理 3.17 を用いて次のような結果が得られる．これは確率積分の理論において重要な役割を果たす．

定理 3.18 $\{X_n\}_{n=0}^{\infty}$ をマルチンゲールとする．このとき次のことが成立する．

(i) 任意の $p\in[1,\infty)$ に対して

$$\lambda^p P(\max\{|X_k|; k=0,1,\cdots,n\} \geqq \lambda) \leqq E[|X_n|^p], \quad \lambda>0$$

(ii) $p>1$ ならば，

$$E[(\max\{|X_k|; k=0,1,\cdots,n\})^p] \leqq (\frac{p}{p-1})^p E[|X_n|^p]$$

［証明］ いま，停止時刻 ω を

$$\sigma(\omega) = \min\{m \geqq 1; |X_m(\omega)| \geqq \lambda\} \wedge n$$

とおくと，定理 3.17 より

$$X_\sigma = E[X_n|\mathcal{F}_\sigma]$$

となる．これより

$$|X_\sigma|^p \leqq E[|X_n|^p|\mathcal{F}_\sigma]$$

がわかる (演習問題参照)．したがって，

$$\begin{aligned}\lambda^p P(\max\{|X_k|;\ k=0,1,\cdots,n\} \geqq \lambda) &\leqq E[|X_\sigma|^p] \\ &\leqq E[|X_n|^p]\end{aligned}$$

を得，(i) がわかる．(ii) は (i) と部分積分によりわかる． ∎

§3.12 Markov 過程とマルチンゲール

S を有限または加算な集合とする．$\{P_x; x\in S\}$ を S を状態空間とする Markov 過程とする．§3.4 と同様，

$$\mathcal{F}_n = \sigma\{X_k;\ k=0,1,\cdots,n\},$$

$$\mathcal{F}_\infty = \sigma\{X_k;\ k=0,1,2,\cdots\}$$

とおき，$p_{xy} = P_x(X_1 = y)$ とおく．各 $x \in S$ ごとに，確率空間 $(P_x, \mathcal{F}_\infty, W)$ が定まることに注意しておく．

いま，集合 S 上の有界な関数の全体を $C_b(S)$ と書くことにする．$C_b(S)$ 上の線形作用素 P および L を

$$(Pf)(x) = \sum_{y \in S} p_{xy} f(y),$$
$$(Lf)(x) = (Pf)(x) - f(x), \quad x \in S, \quad f \in C_b(S)$$

により定める．

補題 3.19 $x \in S$, $f \in C_b(S)$, $n \geqq 0$ に対して

$$E^{P_x}[f(X_{n+1})|\mathcal{F}_n] = (Pf)(X_n)$$

が成り立つ．

［証明］ Markov 性より

$$E^{P_x}[f(X_{n+1})|\mathcal{F}_n] = E^{P_{X_n}}[f(X_1)]$$
$$= \sum_{y \in S} P_{X_n}(X_1 = y) f(y) = (Pf)(X_n)$$

となり，補題の主張を得る． ∎

次の定理が重要である．

定理 3.20 任意の $u \in C_b(S)$ に対し，確率変数 M_n を

$$M_n(w) = u(X_n(w)) - \sum_{k=0}^{n-1} (Lu)(X_k(w))$$

により定めると，すべての $x \in S$ に対して，$(P_x, \mathcal{F}_\infty, W)$ を確率空間としたとき，$\{M_n\}_{n=0}^\infty$ は $\{\mathcal{F}_n\}_{n=0}^\infty$-マルチンゲールとなる．

［証明］ 明らかに確率変数 M_n は $\mathcal{F}_n$-可測である．また前の補題により，

$$E^{P_x}[M_{n+1}|\mathcal{F}_n] = E^{P_x}[u(X_{n+1})|\mathcal{F}_n] - \sum_{k=0}^{n} (Lu)(X_k)$$
$$= (Pu)(X_n) - \sum_{k=0}^{n} Lu(X_k) = M_n$$

となり定理を得る． ∎

§3.13 差分方程式の Dirichlet 境界値問題

前節の結果を用いていろいろな差分方程式の Dirichlet 境界値問題の解を Markov 過程を使った表現が得られる．A を S の部分集合とし，停止時刻 σ を

$$\sigma(w) = \min\{n \geqq 0; w(n) \in S \setminus A\}$$

とおく．

補題 3.21 $E^{P_x}[\sigma] < \infty$, $x \in S$ と仮定する．$f \in C_b(A)$, $g \in C_b(S \setminus A)$ とする．もし $u \in C_b(S)$ が

$$(Lu)(x) = f(x), \quad x \in A, \qquad u(x) = g(x), \quad x \in S \setminus A$$

を満たすならば，

$$u(x) = E^{P_x}[g(X_\sigma)] - E^{P_x}[\sum_{k=0}^{\sigma-1} f(X_k)]$$

を満たす．

［証明］ M_nを定理 3.20 のものとすると，定理 3.17 より

$$\begin{aligned} u(x) &= E^{P_x}[M_0] = E^{P_x}[M_{\sigma\wedge n}] \\ &= E^{P_x}[g(X_{\sigma\wedge n})] - E^{P_x}[\sum_{k=0}^{\sigma\wedge n} f(X_k)] \end{aligned}$$

を得る．この式で $n \to \infty$ の極限をとることにより定理を得る． ∎

補題 3.22 $E^{P_x}[\sigma] < \infty$, $x \in S$ と仮定する．$f \in C_b(A)$, $g \in C_b(S \setminus A)$ に対して，

$$u(x) = E^{P_x}[g(X_\sigma)] - E^{P_x}[\sum_{k=0}^{\sigma-1} f(X_k)]$$

とおくと，$u \in C_b(S)$ であって，

$$(Lu)(x) = f(x), \quad x \in A$$

$$u(x) = g(x), \quad x \in S \setminus A$$

を満たす．

［証明］ $x \in S \setminus A$ ならば $P_x(\sigma = 0) = 1$ より $u(x) = g(x)$ がわかる．$x \in A$

ならば $P_x(\sigma \geqq 1) = 1$ なので

$$P_x(\sigma(w) = 1 + \sigma \circ \theta_1(w)) = 1$$

を得る．

$$F = g(X_\sigma) - \sum_{k=0}^{\sigma-1} f(X_k)$$

とおくと

$$\begin{aligned} u(x) &= E^{P_x}[F] = E^{P_x}[F \circ \theta_1 - f(X_0)] \\ &= E^{P_x}[E^{P_{X_1}}[F]] - f(x) = (Pu)(x) - f(x) \end{aligned}$$

となる．これより $(Lu)(x) = f(x)$ がわかる． ∎

この2つの補題を合わせれば次の定理が得られる．

定理 3.23 $E^{P_x}[\sigma] < \infty$, $x \in S$ であれば，$f \in C_b(A)$, $g \in C_b(S \setminus A)$ に対して，

$$(Lu)(x) = f(x),\ x \in A, \quad u(x) = g(x),\ x \in S \setminus A$$

を満たす $u \in C_b(S)$ はただ1つ存在し

$$u(x) = E^{P_x}[g(X_\sigma)] - E^{P_x}[\sum_{k=0}^{\sigma-1} f(X_k)]$$

により与えられる． □

§3.14 差分ラプラシアンへの適用

前節の結果を具体的な場合に考える．Markov 過程を §3.7 の例 3.2のランダムウォークとする．このとき，線形作用素 L は

$$Lu(x) = \frac{1}{2d} \sum_{y \in \mathbf{Z}^d, |y-x|=1} (u(y) - u(x))$$

で与えられる**差分ラプラシアン**である．次のことが成り立つ．

補題 3.24 A が $\mathbf{Z}^d$ の有限部分集合であれば，

$$\sup_{x \in \mathbf{Z}^d} E^{P_x}[\exp(\epsilon \cdot \sigma)] < \infty$$

となるような $\epsilon > 0$ が存在する． □

これと定理 3.23 より次を得る．

定理 3.25 A が $\mathbf{Z}^d$ の有限部分集合とする．このとき任意の $f \in C_b(A)$, $g \in C_b(S \setminus A)$ に対して，

$$(Lu)(x) = f(x), \quad x \in A$$
$$u(x) = g(x), \quad x \in S \setminus A$$

をみたす $u \in C_b(S)$ はただ1つ存在し

$$u(x) = E^{P_x}[g(X_\sigma)] - E^{P_x}[\sum_{k=0}^{\sigma-1} f(X_k)]$$

により与えられる． □

この定理に基づいて，差分ラプラシアンに対する Dirichlet 境界値問題をモンテカルロ法を用いて解くということも試みられている．

演習問題

3.1 f は非負値の連続関数で凹であるとする．すなわち，
$$f(sx + (1-s)y) \leqq sf(x) + (1-s)f(y), \quad x, y \in \mathbf{R}, \quad s \in [0,1]$$
が成り立つものとする．いま X は $E[|X|] < \infty$ を満たす確率変数で，G は部分 σ-集合族とする．このとき，
$$f(E[X|\mathcal{G}]) \leqq E[f(X)|\mathcal{G}]$$
となることを示せ．

3.2 $N \geqq 2$ とする．確率空間を
$$\Omega = \{0,1\}^N, \quad P(\{(i_1, \cdots, i_N)\}) = 2^{-N}, \quad i_1, \cdots, i_N = 0, 1$$
で与える．(これは硬貨を N回続けて投げるという試行の数学モデルである．) 確率変数 X_k，$k = 1, \cdots, N$ を，
$$X_k((i_1, \cdots, i_N)) = i_k, \quad k = 1, \cdots, N, \quad (i_1, \cdots, i_N) \in \Omega = \{0,1\}^N$$
とおく．(これは k 回目に硬貨を投げたとき表が出たか裏が出たかを表す．) さて，σ-集合族の増大列 $\{\mathcal{F}_n\}_{n=0}^{\infty}$ を
$$\mathcal{F}_0 = \{\emptyset, \Omega\},$$

$$\mathcal{F}_k = \sigma\{X_1, \cdots, X_k\}, \quad k = 1, \cdots, N,$$

$$\mathcal{F}_k = \sigma\{X_1, \cdots, X_N\}, \quad k \geqq N+1$$

で与える．

(i) $\tau : \Omega \to \{0, 1, \cdots, N\}$ を

$$\tau(\omega) = \min\{k = 1, 2, \cdots, N; X_k(\omega) = 1\}$$

(ただし，$X_1(\omega) = \cdots = X_N(\omega) = 0$ のときは $\tau(\omega) = N$ とする) により与える．このとき，τ は停止時刻であることを示せ．

(ii) $\tau : \Omega \to \{0, 1, \cdots, N\}$ を

$$\tau(\omega) = \min\{k = 0, 1, \cdots, N-1;\ X_{k+1}(\omega) = 1\}$$

(ただし，$X_1(\omega) = \cdots = X_{N-1}(\omega) = 0$ のときは $\tau(\omega) = N$ とする) により与える．このとき，τ は停止時刻でないことを示せ．

3.3 状態空間が有限集合で既約な Markov 過程は常に再帰的であることを示せ．

第4章

確率積分と 連続マルチンゲール

解析学において微積分学は極めて重要な道具であった．確率過程に対して微積分学に相当するものが確率積分の理論である．確率積分の理論において最も重要な道具が連続マルチンゲールである．この章ではこれらについて述べていく．

§4.1 連続時間の確率過程の連続性

簡単のため時間の空間は半直線 $[0,\infty)$ とし，確率過程を $\{X(t)\}_{t\in[0,\infty)}$ で表す．当然のことであるが，各 $X(t)$, $t\in[0,\infty)$ は確率変数である．

連続時間の確率過程には何らかの連続性を条件として課す必要がある．ここではよく用いられる連続性の定義を与えておく．

定義 4.1 (確率連続) 確率過程 $\{X(t)\}_{t\in[0,\infty)}$ が**確率連続**とは，すべての $t\in[0,\infty)$ および $\epsilon>0$ に対して

$$\lim_{s\to t} P[\mid X(t)-X(s)\mid>\epsilon]=0$$

となることをいう． □

定義 4.2 (道の連続性) 確率過程 $\{X(t)\}_{t\in[0,\infty)}$ が**道の連続性**を持つとは，すべての $\omega\in\Omega$ に対して関数 $X(\cdot,\omega):[0,\infty)\to\mathbf{R}$ が連続となることをいう． □

これらの連続性については次のような関係がある．証明は難しくないので読者への演習とする．

補題 4.1 確率過程が道の連続性を持つならば，確率連続である． □

§4.2 加法過程（純粋なノイズの積分）

離散時間の場合は純粋なノイズとして独立確率変数の列を考えればよいが，連続時間の場合は純粋なノイズの取り扱いが難しい．$\{Y_n, n=1,2,\cdots\}$ を独立確率変数の列とし，その和のつくる確率変数列 $X_n=\sum_{k=1}^{n} Y_k, n=0,1,2,\cdots$ は次の性質を満たす．

(i) $X_0=0$

(ii) 任意の $n \geqq 1$, $0 \leqq k_0 < k_1 < \cdots < k_n$ に対して，n 個の確率変数 $X_{k_1}-X_{k_0}, X_{k_2}-X_{k_1}, \cdots, X_{k_n}-X_{k_{n-1}}$ は独立

この概念を連続時間の場合に一般化したものを**加法過程**という．加法過程は純粋なノイズの時間に沿っての積分と考えられる．正確な定義を与えておこう．

定義 4.3 確率過程 $\{X(t)\}_{t\in[0,\infty)}$ が**加法過程**であるとは，

(i) 確率過程 $\{X(t)\}_{t\in[0,\infty)}$ は確率連続

(ii) $X_0=0$

(iii) 任意の $n \geqq 1$, $0 \leqq t_0 < t_1 < \cdots < t_n$ に対して，n 個の確率変数 $X(t_1)-X(t_0), X(t_2)-X(t_1), \cdots, X(t_n)-X(t_{n-1})$ は独立

となることをいう． □

加法過程に対する次の結果が重要である．

定理 4.2 $\{X(t)\}_{t\in[0,\infty)}$ は加法過程であるとする．

(i) もし，これが道の連続性をもつならば，任意の $s,t\in[0,\infty), s<t$ に対して，確率変数 $X(t)-X(s)$ の分布は Gauss 分布である．

(ii) もし，すべての $\omega\in\Omega$ に対して，$X(t)(\omega)$ が $t\in[0,\infty)$ について広義単調増加関数であり，

$$\lim_{s\downarrow t} X(s)-X(t)=0 \text{ or } 1, \quad t\in[0,\infty)$$
$$\lim_{s\uparrow t} X(s)-X(t)=0 \text{ or } -1, \quad t\in[0,\infty)$$

であるならば，任意の $s,t\in[0,\infty), s<t$ に対して，確率変数 X_t-X_s の分布は Poisson 分布である． □

加法過程の例として次のふたつが重要である．

例 4.1 (Poisson 過程) Z_k, $k=1,2,\cdots$ は独立確率変数の列で

$$P(Z_k<0)=0, \quad P(Z_k<x)=\int_0^x \mathrm{e}^{-y}\mathrm{d}y, \qquad x>0, \quad k=1,2,\cdots$$

を満たすものとする．確率変数列 T_n, $n=0,1,2,\cdots$ を $T_n=\sum_{k=1}^{n} Z_k$, $n=0,1,\cdots$ で定める．このとき，大数の法則より，$P(\lim_{n\to\infty} T_n=\infty)=1$ であることがわかる．確率過程 $\{X(t)\}_{t\in[0,\infty)}$ を

$$X(t)=n, \qquad t\in[T_n,T_{n+1}), \quad n=0,1,2,\cdots$$

により定めると，加法過程となる．これは **Poisson 過程**と呼ばれる． □

例 4.2 (Brown 運動) 道の連続性を持つ加法過程 $\{X(t)\}_{t\in[0,\infty)}$ で

$$E[X(t)]=0, \quad E[(X(t)-X(s))^2]=t-s,$$

$$t,s\in[0,\infty), \quad s<t$$

となるものは **Brown 運動**と呼ばれる．定理 4.2 により，$X(t)-X(s)$, $t>s$ の分布は平均 0，分散 $t-s$ の Gauss 分布となる． □

Brown 運動の存在と一意性は自明ではなく，1923 年に Norbert Wiener により初めて示された．実は，すべての加法過程は，本質的に Brown 運動と Poisson 過程の重ね合わせにより得られる (Levy-伊藤の定理)．ただし，この定理を数学的に正確に述べる余裕はない．しかし，この定理により，連続時間の場合，純粋なノイズは，Poisson 過程により記述されるものと Brown 運動により記述されるものに分解されることがわかる．Brown 運動と Poisson 過程とは性質が著しく違う．

§4.3 多次元 Brown 運動

自然数 d に対して d 個の確率過程の組 $\{(B_1(t),\cdots,B_d(t));\ t\in[0,\infty)\}$ が d 次元 Brown 運動とは，各成分 $\{B_i(t);\ t\in[0,\infty)\}$ が Brown 運動でありかつ $\{B_i(t);\ t\in[0,\infty)\}$, $i=1,\cdots,d$ が独立となること (すなわち $\sigma\{B_i(t);\ t\in[0,\infty)\}$, $i=1,\cdots,d$ が独立となること) である．以下この章 (そして次章，次々章) では $\{(B_1(t),\cdots,B_d(t));\ t\in[0,\infty)\}$ を d 次元 Brown 運動とする．念のために，定義からただちにわかることを列挙しておく．

(i) $B_i(0;\omega)=0,\ i=1,\cdots,d,\ \omega\in\Omega$.

(ii) すべての $i=1,\cdots,d,\ \omega\in\Omega$ に対して，確率変数 $B_i(\cdot;\omega):[0,\infty)\to\mathbf{R}$ は連続関数となる.

(iii) 任意の $i=1,\cdots,d,\ 0\leqq t_1<t_2<\cdots<t_m,\ m\geqq 1$ に対して，$B_i(t_{j+1};\omega)-B_i(t_j;\omega),\ i=1,\cdots,d,\ j=1,\cdots,m-1$ は独立.

(iv) 任意の $i=1,\cdots,d,\ 0\leqq s<t$ に対し，確率変数 $B_i(t;\omega)-B_i(s;\omega)$ の分布は平均 0，分散 $t-s$ の Gauss 分布. いつものように ω はしばしば省略する.

以後本書では $\mathcal{F}_t,\ t\geqq 0$ は,

$$\mathcal{F}_t=\sigma\{B_i(s);\ i=1,\cdots,d,\ s\in[0,t]\}$$

で定義される σ-集合族とする. このとき,

$$\mathcal{F}_s\subset\mathcal{F}_t,\quad s,t\in[0,\infty),\quad s<t$$

が成立する. すなわち $\{\mathcal{F}_t;\ t\in[0,\infty)\}$ は σ-集合族の増大列となる.

次のことが成立する.

補題 4.3

(i) $E[B_i(t)|\mathcal{F}_s]=B_i(s),\ t>s\geqq 0,\ i=1,\cdots,d$

(ii) $E[(B_i(t)-B_i(s))(B_j(t)-B_j(s))|\mathcal{F}_s]=\delta_{ij}(t-s),\ t>s\geqq 0,\ i,j=1,\cdots,d$. ここで δ_{ij} は $i=j$ のときには 1, $i\neq j$ のときには 0 とする.

［証明］ この補題は確率積分の基礎をなすので証明の概略を与えておく. まず，d 次元 Brown 運動の定義から，$\sigma\{B_i(t)-B_i(s);\ i=1,\cdots,d\}$ と $\mathcal{F}_s$ は独立. よって定理 3.1 より

$$E[B_i(t)-B_i(s)|\mathcal{F}_s]=E[B_i(t)-B_i(s)]=0$$

$$E[(B_i(t)-B_i(s))(B_j(t)-B_j(s))|\mathcal{F}_s]$$

$$=E[(B_i(t)-B_i(s))(B_j(t)-B_j(s))]=(t-s)\delta_{ij}$$

を得る. これから補題がわかる. ∎

§4.4　2 乗可積分な連続マルチンゲール

連続時間の場合にもマルチンゲールを離散時間の場合と同様に考えることができる．連続時間のパラメータを持つマルチンゲールは確率積分の基礎となる．

定義 4.4　確率過程 $\{X(t);\ t\in[0,\infty)\}$ が 2 乗可積分な適合した連続確率過程であるとは，

(i)　確率過程 $\{X(t);\ t\in[0,\infty)\}$ は道の連続性をもち，

(ii)　確率変数 $X_t, t\in[0,\infty)$ は $\mathcal{F}_t$−可測，

(iii)　$E[\sup_{t\in[0,T]}|X(t)|^2]<\infty,\ T\in[0,\infty)$ となることをいう．　□

定義 4.5　確率過程 $\{X_t;\ t\in[0,\infty)\}$ が 2 乗可積分な連続マルチンゲールであるとは，2 乗可積分な適合した連続確率過程であって，

$$X_0=0,\quad E[X_t|\mathcal{F}_s]=X_s,$$

$$s<t,\quad s,t\in[0,\infty)$$

となることをいう．　□

Brown 運動の各成分 $\{B_i(t);\ t\in[0,\infty)\}$, $i=1,\cdots,d$ は 2 乗可積分な連続マルチンゲールである．次のことも明らかであろう．

補題 4.4

(i)　$\{X_i(t);\ t\in[0,\infty)\}$, $t=1,\cdots,m$ は 2 乗可積分な適合した連続確率過程，$f:\mathbf{R}^m\to\mathbf{R}$ は連続関数であり $|f(x)|\leqq a+b|x|,\ x\in\mathbf{R}^m$ となる $a,b>0$ が存在するとする．このとき，$\{f(X_1(t),\cdots,X_m(t));\ t\in[0,\infty)\}$ も 2 乗可積分な適合した連続確率過程．

(ii)　$\{X(t);\ t\in[0,\infty)\},\{Y(t);\ t\in[0,\infty)\}$ が 2 乗可積分な連続マルチンゲール，$a,b\in\mathbf{R}$ ならば，$\{aX(t)+bY(t);\ t\in[0,\infty)\}$ も 2 乗可積分な連続マルチンゲール．　□

マルチンゲールの共分散については次のような性質をもつ．

補題 4.5　$\{X(t);\ t\in[0,\infty)\},\{Y(t);\ t\in[0,\infty)\}$ が 2 乗可積分な連続マルチンゲールならば $0=t_0<t_1<\cdots<t_m$ に対して，

$$E[X(t_m)Y(t_m)] = E[\sum_{k=1}^{m}(X(t_k)-X(t_{k-1}))(Y(t_k)-Y(t_{k-1}))]$$

となる．

〔証明〕 まず，

$$\begin{aligned}X(t_m)Y(t_m) = &\sum_{k=1}^{m}(X(t_k)-X(t_{k-1}))(Y(t_k)-Y(t_{k-1}))\\ &+\sum_{1 \leqq i<j \leqq m}(X(t_i)-X(t_{i-1}))(Y(t_j)-Y(t_{j-1}))\\ &+\sum_{1 \leqq i<j \leqq m}(Y(t_i)-Y(t_{i-1}))(X(t_j)-X(t_{j-1}))\end{aligned}$$

に注意する．$1 \leqq i < j \leqq m$ とすると，$X(t_i)-X(t_{i-1})$ は $\mathcal{F}_{t_i}$-可測なので

$$\begin{aligned}&E[(X(t_i)-X(t_{i-1}))(Y(t_j)-Y(t_{j-1}))]\\ &= E[(X(t_i)-X(t_{i-1}))E[Y(t_j)-Y(t_{j-1})|\mathcal{F}_{t_j-1}]]\\ &= 0\end{aligned}$$

となる．これより補題を得る． ■

定理 3.18より次の定理が得られる．この定理は確率積分の理論において基本的な役割を果たす．

定理 4.6 $\{X_t;\ t \in [0,\infty)\}$ を2乗可積分な連続マルチンゲールとする．このとき，

$$E[(\sup\{|X_t|;\ t \in [0,T]\})^2] \leqq 4E[|X_T|^2], \quad T>0$$

が成立する． □

§4.5 確率積分

確率積分の基礎は次の補題により与えられる．

補題 4.7 2乗可積分な適合した連続確率過程 $\{f(t);\ t \in [0,\infty)\}$ に対して，確率過程 $\{X_{i,n}(t;f);\ t \in [0,\infty)\}$, $i=1,\cdots,d$ を

$$\begin{aligned}X_{i,n}(t;f) = &\sum_{k=1}^{[2^n t]} f(2^{-n}(k-1))(B_i(2^{-n}k)-B_i(2^{-n}(k-1)))\\ &+ f(2^{-n}[2^n t])(B_i(t)-B_i(2^{-n}[2^n t]))\end{aligned}$$

で定める．このとき，次のことが成立する．

(i) $\{X_{i,n}(t;f);\ t\in[0,\infty)\}$ は 2 乗可積分な連続マルチンゲールである．

(ii) 2 つの 2 乗可積分な適合した連続確率過程 f,g に対して

$$E[X_{i,n}(2^{-n}k;f)X_{j,n}(2^{-n}k;g)]=\delta_{ij}E[\sum_{l=0}^{k-1}2^{-n}f(2^{-n}l)g(2^{-n}l)]$$

(iii) 任意の $T>0$ に対して

$$E[\sup_{t\in[0,T]}|X_{i,n}(t;f)-X_{i,m}(t;f)|^2]\to 0,\quad n,m\to\infty$$

［証明］ この補題は重要であるので証明の概略を与えておく．

ステップ 1: まず，Brown 運動の成分 $B_i(t)$ が t の連続関数であることから，$X_{i,n}(t;f)$ が t の連続関数であることがわかる．次に $X_{i,n}(t;f)$ がマルチンゲールであることが次のようにしてわかる．$0\leqq s<t$ とする．$f(2^{-n}k)$ は $\mathcal{F}_{2^{-n}k}$-可測であることに注意する．もし，$2^{-n}k<s$ ならば，

$$\begin{aligned}&E[f(2^{-n}k)(B_i(t)-B_i(2^{-n}(k)))|\mathcal{F}_s]\\&=f(2^{-n}k)\{E[B_i(t)-B_i(s)|\mathcal{F}_s]+E[B_i(s)-B_i(2^{-n}k)|\mathcal{F}_s]\}\\&=f(2^{-n}k)(B_i(s)-B_i(2^{-n}k))\end{aligned}$$

となる．またもし，$2^{-n}k\geqq s$ ならば，

$$\begin{aligned}&E[f(2^{-n}k)(B_i(t)-B_i(2^{-n}(k)))|\mathcal{F}_s]\\&=E[E[f(2^{-n}k)(B_i(t)-B_i(2^{-n}k))|\mathcal{F}_{2^{-n}k}]|\mathcal{F}_s]\\&=0\end{aligned}$$

となる．これらを用いて，$E[X_{i,n}(t;f)|\mathcal{F}_s]=X_{n,i}(s;f)$ を得る．これらから 2 乗可積分な連続マルチンゲールであることがわかる．

ステップ 2: f,g を 2 乗可積分な適合した連続確率過程とすると，補題 4.5 より

$$\begin{aligned}&E[X_{i,n}(2^{-n}k;f)X_{j,n}(2^{-n}k;g)]\\&=\sum_{l=1}^{k}E[(X_{i,n}(2^{-n}l;f)-X_{i,n}(2^{-n}(l-1);f))(X_{j,n}(2^{-n}l;g)\\&\qquad -X_{j,n}(2^{-n}(l-1);g))]\end{aligned}$$

を得る．補題 4.3を用いると

$$E[(X_{i,n}(2^{-n}l;f)-X_{i,n}(2^{-n}(l-1);f))(X_{j,n}(2^{-n}l;g)-X_{j,n}(2^{-n}(l-1);g))]$$
$$=\delta_{ij}2^{-n}E[f(2^{-n}(l-1))g(2^{-n}(l-1))]$$

がわかる．これから (ii) を得る．

ステップ3： さて，$n>m$ であれば

$$X_{i,m}(2^{-n}k;f)-X_{i,m}(2^{-n}(k-1))$$
$$=f(2^{-m}[2^m(2^{-n}(k-1))])(B_i(2^{-n}k)-B_i(2^{-n}(k-1)))$$

であるから，

$$\begin{aligned}&E[(X_{i,n}(N;f)-X_{i,m}(N;f))^2]\\&=\sum_{k=1}^{2^nN}E[(X_{i,n}(2^{-n}k;f)-X_{i,n}(2^{-n}(k-1);f))\\&\qquad -(X_{i,m}(2^{-n}k;f)-X_{i,m}(2^{-n}(k-1);f))^2]\\&=\sum_{k=0}^{2^nN-1}2^{-n}E[(f(2^{-n}k)-f(2^{-m}[2^{-n}(k-1)])^2]\\&=E[\int_0^N(f(2^{-n}[2^nt])-f(2^{-m}[2^mt]))^2\mathrm{d}t]\end{aligned}$$

となる．$2^{-n}[2^nt]\to t,\ n\to\infty$ に注意すれば，

$$E[(X_{i,n}(N;f)-X_{i,m}(N;f))^2]\to 0$$

がわかる．これと補題を合わせると (iii) を得る． ∎

定義 4.6 補題 4.7より任意の 2 乗可積分な適合した連続確率過程 $\{f(t);t\in[0,\infty)\}$ および $i=1,\cdots,d$ に対して，次の性質を持つ確率過程 $\{X_i(t;f);t\in[0,\infty)\}$ が存在することがわかる．

(i) $\{X_i(t;f);t\in[0,\infty)\}$ は 2 乗可積分な連続マルチンゲールである．

(ii) 2 つの 2 乗可積分な適合した連続確率過程 f,g に対して

$$E[X_i(t;f)X_j(t;g)]=\delta_{ij}E[\int_0^s f(s)g(s)\mathrm{d}s],\quad t\geqq 0$$

(iii) 任意の $T>0$ に対して，

$$E[\sup_{t\in[0,T]}|X_i(t;f)-X_{i,n}(t;f)|^2]\to 0,\quad n\to 0$$

この確率過程 $X_i(t;f),\ t\in[0,\infty),\ i=1,\cdots,d$ を**確率積分**と呼び，

$$\int_0^t f(s)\mathrm{d}B_i(s)$$

で表す． □

§4.6 伊藤の公式

次の定理は**伊藤の公式**と呼ばれるもので，確率積分の理論のなかで最も重要なものである．

定理 4.8 (伊藤の公式) $\{f_i(t);\, t\in[0,\infty)\}$, $i=0,\cdots,d$ を 2 乗可積分な適合した連続確率過程，x を実数とする．確率過程 $\{X(t);\ t\in[0,\infty)\}$ を

$$X(t)=x+\sum_{i=1}^d\int_0^t f_i(s)\mathrm{d}B_i(s)+\int_0^t f_0(s)\mathrm{d}s$$

で定める．いま，$F:\mathbf{R}\to\mathbf{R}$ は 2 回微分可能な関数でその微係数 F' および 2 階微係数 F'' は有界な連続関数であると仮定する．このとき，次の式が成立する．

$$\begin{aligned}F(X(t))-F(x)=&\sum_{i=1}^d\int_0^t(F'(X(s))f_i(s))\mathrm{d}B_i(s)+\int_0^t F'(X(s))f_0(s)\mathrm{d}s\\&+\frac{1}{2}\sum_{i=1}^d\int_0^t F''(X(s))f_i(s)^2\mathrm{d}s\end{aligned}$$

□

この定理は重要であるので後で証明の概略を述べるが，その前にまず少し注意を述べたい．確率積分の定義は見かけの上では

$$\int_0^t f(s)\mathrm{d}B_i(s)=\int_0^t f(s)B_i'(s)\mathrm{d}s$$

のように解釈して良いように見える．もしそうであれば，定理 4.8では，

$$\begin{aligned}F(X(t))-F(0)&=\int_0^t\frac{\mathrm{d}}{\mathrm{d}s}(F(X(s))\mathrm{d}s)\\&=\int_0^t F'(X(s))(\sum_{i=1}^d f_i(s)B_i'(s)+f_0(s))\mathrm{d}s\\&=\sum_{i=1}^d\int_0^t F'(X(s))f_i(s)\mathrm{d}B_i(s)+\int_0^t F'(X(s))f_0(s)\mathrm{d}s\end{aligned}$$

となりそうなものである．しかし，この式は間違いなのである．この式と定理4.8を比べると，関数 F の2階の微係数の項が抜け落ちていることがわかる．これは確率積分の定義の中に極めて微妙な部分があることの反映なのである．そこでもし読者が確率積分を実際に用いることがあるならば，一度は伊藤の公式の証明を読んで理解してほしい．

伊藤の公式は複雑で覚えられるようなものではないと思われるかも知れないが，うまい扱いがある．これは式変形に便利であるので紹介しておく．まず，

$$\mathrm{d}B_i(t)\mathrm{d}B_j(t) = \delta_{ij}\mathrm{d}t, \quad \mathrm{d}B_i(t)\mathrm{d}t = 0, \quad \mathrm{d}t^2 = 0, \quad i, j = 1, \cdots, d \tag{4.1}$$

と約束しておく．定理 4.8のように $X(t)$ が与えられたとき，

$$\mathrm{d}X(t) = \sum_{i=1}^{d} f_i(t)\mathrm{d}B_i(t) + f_0(t)\mathrm{d}t$$

と表すことにする．いま公式 4.1を用いると，形式的に

$$\begin{aligned}\mathrm{d}X(t)\mathrm{d}X(t) &= \sum_{i,j=1}^{d} f_i(t)f_j(t)\mathrm{d}B_i(t)\mathrm{d}B_j(t) \\ &\quad + 2\sum_{i=1}^{d} f_i(t)f_0(t)\mathrm{d}B_i(t)\mathrm{d}t + f_0(t)^2\mathrm{d}t^2 \\ &= \sum_{i=1}^{d} f_i(t)^2\mathrm{d}t\end{aligned}$$

を得る．同様にして

$$\mathrm{d}X(t)^k = 0, \quad k \geqq 3$$

を得る．Taylor の公式の類推から

$$\begin{aligned}\mathrm{d}F(X(t)) &\left(= F'(X(t))\mathrm{d}X(t) + \frac{1}{2}F''(X(t))\mathrm{d}X(t)^2\right. \\ &\quad \left. + \frac{1}{6}F'''(X(t))\mathrm{d}X(t)^3 + \cdots\right) \\ &= F'(X(t))\mathrm{d}X(t) + \frac{1}{2}F''(X(t))\mathrm{d}X(t)^2\end{aligned}$$

と約束する．すると，上の計算より

$$\begin{aligned}\mathrm{d}F(X(t)) &= \sum_{i=1}^{d} F'(X(t))f_i(t)\mathrm{d}B_i(t) \\ &\quad + \left(F'(X(t))f_0(t) + \frac{1}{2}\sum_{i=1}^{d} F''(X(t))f_i(t)^2\right)\mathrm{d}t\end{aligned}$$

となる．これは最初の約束からは，

$$F(X(t)) = F(x) + \sum_{i=1}^{d} \int_0^t F'(X(s)) f_i(s) \mathrm{d}B_i(s) + \int_0^t \left(F'(X(s)) f_0(s) + \frac{1}{2} \sum_{i=1}^{d} F''(X(s)) f_i(s)^2 \right) \mathrm{d}s$$

を意味していることになるが，これは伊藤の公式と合致している．したがって，伊藤の公式は式4.1を覚えてさえいれば導けることになる．いま述べた伊藤の公式の形式的な扱いは伊藤の公式の本質であることが証明のなかで示される．では伊藤の公式の証明の概略を与える．

［証明］ 証明を簡単にするため関数 F は 3 階微分可能で 3 回の微係数 F''' も有界で連続な関数であると仮定して証明する．いま $C_k = \sup_{y \in \mathbf{R}} \left| \frac{\mathrm{d}^k}{\mathrm{d}y^k} f(y) \right|$, $k = 1, 2, 3$ とおく．まず確率過程 $X_n(t)$ を

$$X_n(t) = x + \sum_{i=1}^{d} \sum_{k=1}^{[2^n t]} f_i(2^{-n}(k-1))(B_i(2^{-n}k) - B_i(2^{-n}(k-1))) + \sum_{i=1}^{d} f_i(2^{-n}[2^n t])(B_i(t) - B_i(2^{-n}[2^n t])) + \sum_{k=1}^{[2^n t]} 2^{-n} f_0(2^{-n}(k-1)) + (t - 2^{-n}[2^n t]) f_0(2^{-n}[2^n t])$$

と定めると確率積分の定義より

$$\sup_{t \in [0,T]} |X(t) - X_n(t)| \to 0, \quad n \to \infty, \quad \text{確率収束}, \quad T > 0$$

となる．まず次のことに注意しよう．

$$F(X_n(t)) - F(x) = F(X_n(t)) - F(X_n(2^{-n}[2^n t])) + \sum_{k=1}^{[2^n t]} (F(X_n(2^{-n}k)) - F(X_n(2^{-n}(k-1))))$$

Taylor の定理より任意の $y, z \in \mathbf{R}$ に対して

$$|f(z) - f(y) - f'(y)(z-y) - \frac{1}{2} f''(y)(z-y)^2| \leqq \frac{C_3}{6} |z-y|^3$$

となる．

したがって，

$$
\begin{aligned}
&F(X_n(2^{-n}k)) - F(X_n(2^{-n}(k-1))) \\
&= F'(X_n(2^{-n}(k-1)))(X_n(2^{-n}k) - X_n(2^{-n}(k-1))) \\
&\qquad + \frac{1}{2}F''(X_n(2^{-n}(k-1)))(X_n(2^{-n}k) - X_n(2^{-n}(k-1)))^2 + R_{n,k}
\end{aligned}
$$

ただし，

$$
|R_{n,k}| \leqq \frac{C_3}{6}(X_n(2^{-n}k) - X_n(2^{-n}(k-1)))^3
$$

を満たす．

$$
\begin{aligned}
&X_n(2^{-n}k) - X_n(2^{-n}(k-1)) \\
&= \sum_{i=1}^{d} f_i(2^{-n}(k-1))(B_i(2^{-n}k) - B_i(2^{-n}(k-1))) + 2^{-n}f_0(2^{-n}(k-1))
\end{aligned}
$$

であることに注意すると，

$$
\begin{aligned}
&F(X_n(2^{-n}k) - F(X_n(2^{-n}(k-1)) \\
&= \sum_{i=1}^{d} I_i(n,k) + I_0(n,k) + \frac{1}{2}\sum_{i,j=1}^{d} J_{ij}(n,k) \\
&\qquad + \sum_{i=1}^{d} J_i(n,k) + J_0(n,k) + K(n,k) + R(n,k)
\end{aligned}
$$

を得る．ここで，

$$
\begin{aligned}
I_i(n,k) &= F'(X(2^{-n}(k-1)))f_i(2^{-n}(k-1))(B_i(2^{-n}k) - B_i(2^{-n}(k-1))) \\
I_0(n,k) &= F'(X_n(2^{-n}(k-1)))2^{-n}f_0(2^{-n}(k-1)) \\
J_{ij}(n,k) &= F''(X_n(2^{-n}(k-1)))f_i(2^{-n}(k-1))f_j(2^{-n}(k-1))) \\
&\qquad \times(B_i(2^{-n}k) - B_i(2^{-n}(k-1)))(B_j(2^{-n}k) - B_j(2^{-n}(k-1))) \\
J_i(n,k) &= F''(X_n(2^{-n}(k-1)))f_i(2^{-n}(k-1))f_0(2^{-n}(k-1))) \\
&\qquad \times 2^{-n}(B_i(2^{-n}k) - B_i(2^{-n}(k-1))) \\
J_0(n,k) &= F''(X_n(2^{-n}(k-1)))f_0(2^{-n}(k-1))^2 2^{-2n} \\
K(n,k) &= \sum_{i=1}^{d}(F'(X_n(2^{-n}(k-1))) - F'(X(2^{-n}(k-1)))) \\
&\qquad \times f_i(2^{-n}(k-1))(B_i(2^{-n}k) - B_i(2^{-n}(k-1)))
\end{aligned}
$$

である．なお，$i, j = 1, \cdots, d$ である．

確率積分の定義や Riemann 積分の定義により容易に

$$\sum_{k=1}^{[2^n t]} I_i(n,k) \to \int_0^t F'(X(s))f_i(s)\mathrm{d}B_i(s), \quad n\to\infty, \quad i=1,\cdots,d,$$
$$\sum_{k=1}^{[2^n t]} I_0(n,k) \to \int_0^t F'(X(s))f_0(s)\mathrm{d}s, \quad n\to\infty$$

を得る．問題は残りの項にある．いま，

$$\begin{aligned} J'_{ij}(n,k) &= F''(X_n(2^{-n}(k-1)))f_i(2^{-n}(k-1))f_j(2^{-n}(k-1)) \\ &\quad \times \{(B_i(2^{-n}k)-B_i(2^{-n}(k-1)))(B_j(2^{-n}k) \\ &\quad - B_j(2^{-n}(k-1))) - \delta_{ij}2^{-n}\}, \end{aligned}$$

$$i,j=1,\cdots,d$$

とおくと，明らかに $J'_{ij}(n,k)$ は $\mathcal{F}_{2^{-n}k}$-可測であり，しかも補題 4.3より

$$E[J'_{ij}(n,k)|\mathcal{F}_{2^{-n}(k-1)}]=0$$

であることがわかる．したがって，補題 4.5の証明と同様な議論で

$$\begin{aligned} &E[(\sum_{k=1}^{[2^n t]} J'_{ij}(n,k))^2] \\ &= \sum_{k=1}^{[2^n t]} E[J'_{ij}(n,k)^2] \\ &\leqq \sum_{k=1}^{[2^n t]} C_2 E[\{(B_i(2^{-n}k)-B_i(2^{-n}(k-1)))(B_j(2^{-n}k) \\ &\quad - B_j(2^{-n}(k-1))) - \delta_{ij}2^{-n}\}^2] \\ &\leqq 3C_2 2^{-2n}[2^n t] \to 0, \qquad n\to\infty \end{aligned}$$

となる．すなわち，

$$\sum_{k=1}^{[2^n t]} J'_{ij}(n,k) \to 0, \quad \text{確率収束}$$

がわかる．$J_{ij}(n,k)$ と $J'_{ij}(n,k)$ の差を考慮するとこれより，

$$\sum_{k=1}^{[2^n t]} J_{ij}(n,k) \to \delta_{ij}\int_0^t F''(X(s))f_i(s)f_j(s)\mathrm{d}s \quad \text{確率収束}$$

を得る．同様な議論により，

$$E[(\sum_{k=1}^{[2^n t]} J_i(n,k))^2] \to 0, \quad i = 0, \cdots, d,$$
$$E[(\sum_{k=1}^{[2^{-n}[2^n t]} K(n,k))^2] \to 0,$$
$$E[(\sum_{k=1}^{[2^{-n}[2^n t]} R(n,k))^2] \to 0$$

がわかるので伊藤の公式を得る．ここで，式(4.1)の実質的な意味が補題により与えられていたことがわかる． ∎

定理 4.8 は次のように一般化することができる．証明はほぼ同じにできる．

定理 4.9 (伊藤の公式) $n \geqq 1$ とし，$\{f_{ki}(t);\ t \in [0,\infty)\}$, $k = 1, \cdots, n$, $i = 0, \cdots, d$ を2乗可積分な適合した連続確率過程，x_k, $k = 1, \cdots, n$ は実数とする．確率過程 $\{X_k(t);\ t \in [0,\infty)\}$, $k = 1, \cdots, n$ を

$$X_k(t) = x_k + \sum_{i=1}^{d} \int_0^t f_{ki}(s)\mathrm{d}B_i(s) + \int_0^t f_{k0}(s)\mathrm{d}s$$

で定める．いま，$F: \mathbf{R}^n \to \mathbf{R}$ は2回微分可能な関数でその1階の偏微分

$$\frac{\partial}{\partial y_i} F(y), \quad i = 1, \cdots, n$$

および2階の偏微分

$$\frac{\partial^2}{\partial y_i \partial y_j} F(y), \quad i, j = 1, \cdots, n$$

は有界な連続関数であると仮定する．このとき，次の式が成立する．

$$\begin{aligned}
&F(X_1(t), \cdots, X_n(t)) - F(x_1, \cdots, x_n) \\
&= \sum_{k=1}^{n} \sum_{i=1}^{d} \int_0^t \left(\frac{\partial}{\partial x_k} F(X_1(s), \cdots, X_n(s)) f_{ki}(s) \right) \mathrm{d}B_i(s) \\
&\quad + \sum_{k=1}^{n} \int_0^t \left(\frac{\partial}{\partial x_k} F(X_1(s), \cdots, X_n(s)) f_{k0}(s) \right) \mathrm{d}s \\
&\quad + \frac{1}{2} \sum_{k,l=1}^{n} \sum_{i=1}^{d} \int_0^t \left(\frac{\partial^2}{\partial x_k \partial x_l} F(X_1(s), \cdots, X_n(s)) f_{ki}(s) f_{li}(s) \right) \mathrm{d}s
\end{aligned}$$

□

$x_i + B_i(t) = x_i + \int_0^t \mathrm{d}B_i(s)$, $i = 1, \cdots, d$, $x_i \in \mathbf{R}$ なので定理 4.9 の特別な場合として次を得る．

系 4.10 (伊藤の公式)　$F:\mathbf{R}^d \to \mathbf{R}$ は 2 回微分可能な関数でその 1 階，2 階の偏微分係数は有界な連続関数であると仮定する．このとき，次の式が成立する．

$$\begin{aligned}&F(x+B(t))-F(x)\\&=\sum_{i=1}^{d}\int_0^t \frac{\partial}{\partial x_i}F(x+B(s))\mathrm{d}B_i(s)+\int_0^t \frac{1}{2}\triangle F(x+B(s))\mathrm{d}s\end{aligned}$$

□

定理 4.8, 4.9 は関数に有界性の条件があって使いづらい．また確率積分の被積分関数 $f(t)$ にも強い条件が課せられていた．このような制約を回避するため局所マルチンゲールの概念が導入され，確率積分や伊藤の公式は現在では極めて一般化されている．ここではそのようなものを取り扱うことはできないが，後で使うために次のような定理 4.8 の系を述べておく．証明は省略する．

系 4.11　$\{f_i(t);\ t\in[0,\infty)\}$, $i=0,\cdots,d$ を 2 乗可積分な適合した連続確率過程，x は実数，C は正数とし，$|f_i(t,\omega)|\leqq C$, $i=0,1,\cdots,d$, $t\geqq 0$, $\omega\in\Omega$ が成り立っているものと仮定する．確率過程 $\{X(t);\ t\in[0,\infty)\}$ を

$$X(t)=x+\sum_{i=1}^{d}\int_0^t f_i(s)\mathrm{d}B_i(s)+\int_0^t f_0(s)\mathrm{d}s$$

で定める．いま，$F:\mathbf{R}\to\mathbf{R}$ は 2 回微分可能な関数でその微係数 F' および 2 階微係数 F'' は連続関数であり，正数 c が存在して，

$$|F(y)|+|F'(y)|+|F''(y)|\leqq c\exp(c|y|),\quad y\in\mathbf{R}$$

と仮定する．このとき，$F(X(t)),F'(X(t)),F''(X(t))$ は 2 乗可積分な適合した連続確率過程であり，次の式が成立する．

$$\begin{aligned}F(X(t))-F(x)=&\sum_{i=1}^{d}\int_0^t F'(X(s))f_i(s)\mathrm{d}B_i(s)+\int_0^t F'(X(s))f_0(s)\mathrm{d}s\\&+\frac{1}{2}\sum_{i=1}^{d}\int_0^t F''(X(s))f_i(s)^2\mathrm{d}s\end{aligned}$$

□

§4.7 停止時刻

連続時間の場合にも，離散時間の場合と同様に停止時刻の概念が定義でき，ほぼ同様なことが成り立つ．ここでは以後この本で必要な最小限の性質について述べる．

定義 4.7 τ が停止時刻であるとは，τ が Ω の上で定義された非負実数または ∞ に値をとる関数で

$$\{\tau < t\} \in \mathcal{F}_t, \quad t \in (0, \infty)$$

を満たすことをいう．□

離散時間のときと同様に，停止時刻は次のような性質を持つ．

定理 4.12

(i) $\tau \equiv t,\ t \in [0, \infty)$ ならば，τ は停止時刻．

(ii) τ, σ が停止時刻ならば，$\tau \wedge \sigma,\ \tau \vee \sigma$ も停止時刻．

(iii) τ, σ が停止時刻ならば，$\tau + \sigma$ も停止時刻．□

停止時刻までの情報も離散時刻の場合と同様に定義される．

定義 4.8 τ を停止時刻とする．このとき，σ-集合族 $\mathcal{F}_\tau$ を

$$\mathcal{F}_\tau = \{A \in \mathcal{F};\ A \cap \{\tau < t\} \in \mathcal{F}_t,\ t \in [0, \infty)\}$$

により定義する．□

次の性質が成立する．

定理 4.13

(i) $\tau \equiv t,\ t \in [0, \infty)$ ならば，$\mathcal{F}_\tau = \mathcal{F}_t$

(ii) τ, σ が停止時刻であり，$A \in \mathcal{F}_\tau$ ならば，$A \cap \{\tau \leqq \sigma\} \in \mathcal{F}_\sigma$

(iii) τ, σ が停止時刻であり，$\tau(\omega) \leqq \sigma(\omega),\ \omega \in \Omega$ ならば，$\mathcal{F}_\tau \subset \mathcal{F}_\sigma$

(iv) τ, σ が停止時刻ならば，

$$\{\tau \leqq \sigma\}, \quad \{\tau = \sigma\}, \quad \{\tau \geqq \sigma\} \in \mathcal{F}_{\tau \wedge \sigma}$$

□

$\{X_t;\ t \in [0, \infty)\}$ を2乗可積分な適合した連続確率過程，τ を $\tau(\omega) < \infty,\ \omega \in \Omega$ を満たす停止時刻とする．離散時間のときと同様に確率変数 X_τ を

$$X_\tau(\omega) = X_{\tau(\omega)}(\omega), \quad \omega \in \Omega$$

により定義する．次のことは明らかであろう．

補題 4.14 $\{X_t;\ t \in [0,\infty)\}$ は 2 乗可積分な適合した連続確率過程，τ は停止時刻とする．このとき，$\{X_{\tau\wedge t};\ t \in [0,\infty)\}$ も 2 乗可積分な適合した連続確率過程となる． □

離散時間のときと同様に次のことが成立する．

定理 4.15 $\{X_t; t \in [0,\infty)\}$ は 2 乗可積分なマルチンゲール，σ, τは停止時刻とする．このとき，以下のことが成立する．

(i) $\{X_{\tau\wedge t}; t \in [0,\infty)\}$ も 2 乗可積分な連続マルチンゲールとなる．

(ii) ある $T > 0$ があって，

$$\sigma(\omega) \leqq \tau(\omega) \leqq T, \quad \omega \in \Omega$$

が成り立つならば，

$$E[X_\tau | \mathcal{F}_\sigma] = X_\sigma$$

が成り立つ． □

演習問題

4.1 $\{X(t)\}_{t\in[0,\infty)}$ を Poisson 過程とする．これが加法過程であり，確率変数 $X(t) - X(s)$, $t > s \geqq 0$ の分布が平均 $t - s$ の Poisson 分布となることを示せ．

4.2 $d = 1$ として以下の式を証明せよ．

(i) $\displaystyle\int_0^t B_s \mathrm{d}B_s = \frac{1}{2}(B_t^2 - t)$

(ii) $\displaystyle\int_0^t \exp\left(aB_s - \frac{a^2 s}{2}\right) \mathrm{d}B_s = \exp\left(aB_t^2 - \frac{a^2 t}{2}\right), \quad a \in \mathbf{R}$

第5章

Brown運動と偏微分方程式

Brown 運動は偏微分方程式と縁が深い．この章では偏微分方程式と Brown 運動の性質の関係を見ていく．

§5.1 Laplace 方程式

系 4.10 より次のことがわかることに注意する．

定理 5.1 $u : \mathbf{R}^d \to \mathbf{R}$ は有界な 2 回微分可能な関数で，その 1 階，2 階の微係数は有界かつ連続であるとする．このとき，

$$M(t) = u(x + B(t)) - u(x) - \int_0^t \frac{1}{2} \triangle u(x + B(s))\mathrm{d}s, \quad t > 0, \quad x \in \mathbf{R}^d$$

は 2 乗可積分な連続マルチンゲールである． □

この定理の応用を考える．いま，G は $\mathbf{R}^d$ の有界な領域，∂G はその境界とする．境界 ∂G はなめらかであると仮定する．g は境界 ∂G 上の連続関数とし，次のような Dirichlet 境界値問題を考える．

$$\triangle u(y) = 0, \quad y \in G, \quad u(z) = g(z), \quad z \in \partial G \tag{5.1}$$

さて，$\tau_{G,x} : \Omega \to [0, \infty)$ を

$$\tau_{G,x}(\omega) = \inf\{t \geqq 0;\ x + B(t, \omega) \in \mathbf{R}^n \setminus G\} \tag{5.2}$$

で定めると，$\tau_{G,x}$ は停止時刻である．このとき，次のことがわかる．

定理 5.2 u は $G \cup \partial G$ 上の連続関数で G 内では 2 回微分可能，その 2 階の微係数は連続であり，方程式 (5.1) を満たすとする．このとき，

$$u(x) = E[g(x + B(\tau_{G,x}))]$$

が成り立つ．

［証明］ 簡単のために u は $\mathbf{R}^d$ 全域に有界な 2 回微分可能関数でその 1 階，2 階の微係数が有界で連続なものに拡張できると仮定する．すると，定理 5.1 より，

$$M(t) = u(x + B(t)) - u(x) - \int_0^t \frac{1}{2} \triangle u(x + B(s)) \mathrm{d}s, \quad t > 0$$

は 2 乗可積分な連続マルチンゲールである．$B(t)$ は t について道の連続性をもつから，出発点 x が領域 G に属すならば $B(t) \in G, t \in [0, \tau_{G,x})$ であることがわかる．したがって，

$$\int_0^{\tau_{G,x} \wedge t} \frac{1}{2} \triangle u(x + B(s)) \mathrm{d}s = 0, \quad t > 0$$

である．定理より

$$E[M(\tau_{G,x} \wedge t)] = 0, \quad t > 0$$

であることがわかるから

$$u(x) = E[u(B(\tau_{G,x} \wedge t))], \quad t > 0$$

となる．実は，$P(\tau_{G,x} < \infty) = 1$ が知られている．$\tau_{G,x} < \infty$ のとき，$x + B(\tau_{G,x}) \in \partial G$ であるから，$t \to \infty$ の極限をとることで定理を得る． ∎

定理 5.1 の系として次の最大値原理を示すこともできる．

定理 5.3 (最大値の原理) u は $G \cup \partial G$ 上の連続関数で G 内では 2 回微分可能，その 2 階の微係数は連続であり，

$$\triangle u(x) \geqq 0, \quad x \in G$$

を満たすとする．もし，関数 u が定数関数でなければ

$$u(x) < \max_{y \in \partial G} g(y), \quad x \in G$$

が成り立つ．

［証明］ 定理 5.1 より

$$M(t) = u(x + B(t)) - u(x) - \int_0^t \frac{1}{2} \triangle u(x + B(s)) \mathrm{d}s, \quad t > 0$$

は 2 乗可積分な連続マルチンゲールである．よって

$$u(x) = E[u(x + B(\tau_{G,x}))] - E[\int_0^{\tau_{G,x}} \frac{1}{2}\triangle u(x + B(s))\mathrm{d}s]$$
$$\leqq \max_{y\in\partial G} u(y) \qquad (5.3)$$

がわかる．u が定数関数でないとき，等号が成立しないことをいえばよい．実は $w : [0,\infty) \to \mathbf{R}^d$ が連続で $w(0) = x$ であるならばどのような $T, \varepsilon > 0$ に対しても

$$P(\max_{t\in[0,T]} \| (x + B(t)) - w(t) \| < \varepsilon) > 0$$

となることが知られている (このようなことを調べることは「確率過程の support の問題」と呼ばれる)．このことより $x + B(\tau_{G,x})$ の分布は∂G に広がっているし，$x + B(t)$, $t < \tau_{G,x}$ の分布は G 全体に広がっていることがわかる．したがって，もしある $x_0 \in G$ に対して等号が成立するならば，式 (5.3) より，

$$E[u(x + B(\tau_{G,x_0}))] = \max_{y\in\partial G} u(y),$$
$$E[\int_0^{\tau_{G,x_0}} \frac{1}{2}\triangle u(x + B(s))\mathrm{d}s] = 0$$

でなければならないが，これから，

$$u(y) = \max_{z\in\partial G} u(z), \quad y \in \partial G$$
$$\triangle u(x) = 0, \quad x \in G$$

が導かれる．しかし，このことと式 (5.3) から

$$u(x) = \max_{y\in\partial G} u(y), \quad x \in G$$

であることがわかり，u が定数関数であることがわかる． ∎

定理 5.2 の逆も成立する．

定理 5.4 ∂G 上の連続関数 g に対して

$$u(x) = E[g(x + B(\tau_{G,x}))], \quad x \in G \cup \partial G$$

とおくと，u は $G \cup \partial G$ 上の連続関数で G 内では 2 回微分可能で，その 2 階の微係数は連続であり，方程式 (5.1) を満たす． □

§5.2 Brown 運動の再帰性

前節の結果を用いて，Brown 運動の挙動を調べることができる．

定理 5.5 $a \geqq 0$ に対して，停止時刻 $\sigma_{a,x}$ を

$$\sigma_{a,x} = \min\{t > 0; \| x + B(t) \| = a\} \tag{5.4}$$

で定める．いま，$b > a > 0$ とすると，$x \in \mathbf{R}^d$, $a < \| x \| < b$ に対して次のことが成立する．

$$P(\sigma_{a,x} > \sigma_{b,x}) = \begin{cases} \dfrac{b - \| x \|}{b - a}, & d = 1 \\ \\ \dfrac{\log(b/\| x \|)}{\log(b/a)}, & d = 2 \\ \\ \dfrac{\| x \|^{-(d-2)} - b^{-(d-2)}}{a^{-(d-2)} - b^{-(d-2)}}, & d \geqq 3 \end{cases}$$

［証明］ 上の式の右辺を $u(x)$, $x \in \mathbf{R}^d \setminus \{0\}$ とおくと，よく知られているように $\triangle u(x) = 0$, $x \neq 0$ である．領域 G を

$$G = \{x \in \mathbf{R}^d; a < \| x \| < b\}$$

で定めると，

$$\partial G = \{y \in \mathbf{R}^d; \| y \| = a\} \cup \{y \in \mathbf{R}^d; \| y \| = b\}$$

である．関数 $g : \partial G \to \mathbf{R}$ を

$$g(y) = \begin{cases} 1, & \| y \| = a \\ 0, & \| y \| = b \end{cases}$$

で定めると，u は方程式 (5.1) の解となる．一方，$a < \| x \| < b$ ならば，$\tau_{G,x} = \sigma_{a,x} \wedge \sigma_{b,x}$ となるから，定理 5.2 より

$$P(\sigma_{a,x} > \sigma_{b,x}) = E[g(x + B_{(}\tau_{G,x}))] = u(x)$$

となる．よって定理は証明された． ∎

系 5.6

(i) $a > 0$, $x \in \mathbf{R}^d$, $\| x \| > a$ に対して，

$$P(\| x+B(t) \|= a \text{ となる } t>0 \text{ が存在する}) = \begin{cases} 1, & d=1,2 \\ (a/\| x \|)^{d-2}, & d \geqq 3 \end{cases}$$

(ii) $x \in \mathbf{R}^d$, $x \neq 0$ に対して,

$$P(x+B(t)=0 \text{ となる } t>0 \text{ が存在する}) = \begin{cases} 1, & d=1 \\ 0, & d \geqq 2 \end{cases}$$

［証明］ $a < \| x \| < b$ に対して,

$$P(\sigma_{b,x} < \infty) = 1$$

が知られている．明らかに $b \uparrow \infty$ のとき，$\sigma_{b,x} \uparrow \infty$ だから,

$$\begin{aligned} P(\| x+B(t) \|= a \text{ となる } t>0 \text{ が存在する}) &= P(\sigma_{a,x} < \infty) \\ &= \lim_{b\uparrow\infty} P(\sigma_{a,x} < \sigma_{b,x}) \end{aligned}$$

および,

$$\begin{aligned} P(x+B(t)=0 \text{ となる } t>0 \text{ が存在する}) &= P(\sigma_{0,x} < \infty) \\ &= \lim_{b\uparrow\infty} \lim_{a\downarrow 0} P(\sigma_{a,x} < \sigma_{b,x}) \end{aligned}$$

を得る．よって，定理 5.5 より主張を得る． ∎

上の系より次のようなことがわかる．

(i) 次元が 1 または 2 のときには与えられた空でない有界な領域に Brown 運動は確実に有限時間内に到達するが， 3 次元以上のときは永久に到達しない可能性が存在する．

(ii) 次元が 1 のとき与えられた点に Brown 運動は確実に有限時間内に到達するが，次元が 2 以上のとき与えられた点に Brown 運動は永久に到達しない．

§5.3 Feynman-Kac の公式

V は $\mathbf{R}^d$ 上の有界な連続関数とする．L を

$$Lu(x) = \frac{1}{2}\triangle u(x) - V(x)u(x), \quad x \in \mathbf{R}^d$$

で与えられる $\mathbf{R}^d$ 上の2階の微分作用素とする．このとき，定理 5.1 より，より一般的な次のことが成立する．

定理 5.7 $w(t,x),\ t \in \mathbf{R},\ x \in \mathbf{R}^d$ は有界な連続関数で t について1回微分可能，x については2回微分可能な関数で，その1階，2階の微係数は有界かつ連続であるとする．このとき，

$$
\begin{aligned}
M(t) &= \exp(-\int_0^t V(x+B(s))\mathrm{d}s)w(t,x+B(t)) - w(0,x) \\
&\qquad - \int_0^t \exp(-\int_0^s V(x+B(\sigma))\mathrm{d}\sigma)(\frac{\partial}{\partial t}+L)w(s,x+B(s))\mathrm{d}s, \\
&t>0, \quad x \in \mathbf{R}^d
\end{aligned}
$$

は2乗可積分な連続マルチンゲールである．

〔証明〕 簡単のため $u(t,x)$ は t についても2回微分可能であるとする．すると，

$F(x_1,x_2,\cdots,x_{d+2}) = \exp(-x_1)u(x_2,(x_3,\cdots,x_{d+2}))$, $X_1(t) = \int_0^t V(x+B(s))\mathrm{d}s$, $X_2(t) = t = \int_0^t \mathrm{d}s$, $X_{i+2}(t) = x_i + B_i(t),\ i=1,\cdots,d$ とおいて定理 4.9 を用いればよい． ∎

この定理を用いて次のことがわかる．

定理 5.8 (Feynman-Kac の公式)

(i) $u(t,x),\ t \in [0,\infty),\ x \in \mathbf{R}^d$ は有界な連続関数で t について1回微分可能，x については2回微分可能な関数で，その1階，2階の微係数は有界かつ連続であるとする．さらに u は方程式

$$
\frac{\partial}{\partial t}u(t,x) = Lu(t,x), \quad t>0, \quad x \in \mathbf{R}^d \tag{5.5}
$$

$$
u(0,x) = f(x), \quad x \in \mathbf{R}^d \tag{5.6}
$$

を満たすとする．このとき，

$$
u(t,x) = E[\exp(-\int_0^t V(x+B(s))ds)f(x+B(t))], \quad t \in [0,\infty), \quad x \in \mathbf{R}^d \tag{5.7}
$$

が成立する．

(ii) 逆に，$\mathbf{R}^d$ 上の有界な連続関数 f が与えられたとき，式 (5.7) で定められる関数 $u(t,x)$, $t \in [0,\infty)$, $x \in \mathbf{R}^d$ は方程式 (5.5) を満たす． □

もっと一般的な次の事実が成立する．

定理 5.9 G は (必ずしも有界でない) なめらかな境界 ∂G を持つ領域とする．

(i) $u(t,x)$, $t \in [0,\infty)$, $x \in G \cup \partial G$ は有界な連続関数で t について 1 回微分可能，x については 2 回微分可能な関数で，その 1 階，2 階の微係数は有界かつ連続であるとする．さらに u は方程式

$$\frac{\partial}{\partial t}u(t,x) = Lu(t,x), \quad t>0, \quad x \in G \tag{5.8}$$

$$u(t,y) = 0, \quad t>0, \quad y \in \partial G \tag{5.9}$$

$$u(0,x) = f(x), \quad x \in G \tag{5.10}$$

を満たすとする (したがって $f(y)=0$, $y \in \partial G$ である)．このとき，

$$u(t,x) = E[\exp(-\int_0^{t\wedge\tau_{G,x}} V(x+B(s))\mathrm{d}s) f(x+B(t\wedge\tau_{G,x}))],$$
$$t \in [0,\infty), \quad x \in G \tag{5.11}$$

が成立する．ここで，$\tau_{G,x}$ は式 (5.2) で与えられる停止時間である．

(ii) 逆に，$G \cup \partial G$ 上の有界な連続関数 f が与えられたとき，式 (5.11) で定められる関数 $u(t,x)$, $t \in [0,\infty)$, $x \in \mathbf{R}^d$ は方程式 (5.8) を満たす．

[証明]

(i) 簡単のため $u(t,x)$ は $t>0, x \in \mathbf{R}^n$ で定義されているとする．$T>0$ に対して $w(t,x) = u(T-t,x)$, $t \in [0,T]$, $x \in \mathbf{R}^d$ とおいて定理 5.7 を適用すれば，$(\frac{\partial}{\partial t} + L)w(t,x) = 0$, $t \in [0,T], x \in G$ であるから，

$$E[\exp(-\int_0^{t\wedge\tau_{G,x}} V(x+B(s))\mathrm{d}s) u(T-t, x+B(t\wedge\tau_{G,x})) - u(T,x)]$$
$$= E[M(t\wedge\tau_{G,x})] = 0, \quad t \in [0,T]$$

がわかる．よって $t=T$ とおくことで (i) を得る．(ii) の証明は省略する．■

系 5.10 $n=1$ とする．このとき，$a>b>0$ に対して，

$$P(\max_{t\in[0,T]} B(t) \geqq a, B(T)<b) = \int_{2a-b}^{\infty} (2\pi t)^{-\frac{1}{2}} \exp(-\frac{x^2}{2t})\mathrm{d}x$$

［証明］ $G=(-\infty,0)$ とし，$p(t,x),t>0,\ x\in\mathbf{R},\ q(t,x,y),t>0,\ x,y<0$ を

$$p(t,x)=(2\pi t)^{-\frac{1}{2}}\exp(-\frac{x^2}{2t}),\quad t>0,\quad x\in\mathbf{R}$$
$$q(t,x,y)=p(t,x-y)-p(t,x+y),\quad t>0,\quad x,y<0$$

で定める．このとき，$f:(-\infty,0]\to\mathbf{R}$ が有界な連続関数で $f(0)=0$ であれば，

$$u(t,x)=\int_0^\infty q(t,x,y)f(y)\mathrm{d}y,\quad t>0,\quad x<0$$

が $V=0$ として方程式 (5.8) を満足することがわかる．よって定理 5.9 より

$$E[f(x+B(t\wedge\tau_{G,x}))]=u(t,x),\quad t>0,\quad x<0$$

となる．これより，

$$\begin{aligned}P(x+B(t\wedge\tau_{G,x})<y)&=E[\chi_{(-\infty,y)}(x+B(t\wedge\tau_{G,x}))]\\&=\int_{-\infty}^{y}q(t,x,z)\mathrm{d}z,\\t>0,\quad x,y<0\end{aligned}$$

がわかる．

$$\{x+B(t\wedge\tau_{G,x})<y\}=\{\max_{s\in[0,t]}B(s)<-x,\ B(t)<y-x\}$$

および

$$P(B(t)<y-x)=\int_{-\infty}^{y}p(t,z-x)\mathrm{d}z$$

であることから，

$$\begin{aligned}P(\max_{s\in[0,t]}B(s)\geqq-x,\ B(t)<y-x)&=\int_{-\infty}^{y}p(t,z+x)\mathrm{d}z\\&=\int_{-(x+y)}^{\infty}p(t,z)\mathrm{d}z,\\&\quad x,y<0\end{aligned}$$

これより定理を得る． ∎

上の系は最初 P.Levy により Brown 運動の対称性と強 Markov 性を用いて示された．その証明の方がより直観的であるが，この本の範囲を越える部分があるので説明を省略する．

定理 5.7 には以下のような応用もある．G は $\mathbf{R}^d$ の有界な領域，∂G はその

境界とする．f は $G \cup \partial G$ 上の連続関数，g は境界 ∂G 上の連続関数とし，次のような Dirichlet 境界値問題を考える．

$$Lu(y) = f(y), \quad y \in G, \quad u(z) = g(z), \quad z \in \partial G \tag{5.12}$$

定理 5.11 V は非負値と仮定する．

(i) u は $G \cup \partial G$ 上の連続関数で G 内では 2 回微分可能で，その 2 階の微係数は連続であり，方程式 (5.12) を満たすとする．このとき，

$$\begin{aligned} u(x) = E[\exp(-&\int_0^{\tau_{G,x}} V(x+B(t))\mathrm{d}t)g(x+B(\tau_{G,x}))] \\ &+ E[\int_0^{\tau_{G,x}} \exp(-\int_0^t V(x+B(s))\mathrm{d}s)f(x+B(t))\mathrm{d}t], \\ x \in G& \end{aligned} \tag{5.13}$$

が成立する．ここで，$\tau_{G,x}$ は式 (5.2) で与えられる停止時刻である．

(ii) 逆に $u(x)$, $x \in G$ を式 (5.13) で定めると，u は $G \cup \partial G$ 上の連続関数で方程式 (5.12) を満たす．

［証明］ (ii) の証明は複雑なので省略し，(i) のみ証明する．$w(t,x) = u(x)$ として定理 5.7 を適用すると

$$\begin{aligned} 0 &= E[M(\tau_{G,x} \wedge t)] \\ &= E[\exp(-\int_0^{\tau_{G,x}\wedge t} V(x+B(s))\mathrm{d}s)u(x+B(\tau_{G,x} \wedge t))] - u(x) \\ &\quad +E[\int_0^{\tau_{G,x}\wedge t} \exp(-\int_0^s V(x+B(\sigma))\mathrm{d}\sigma)(Lu)(x+B(s))\mathrm{d}s] \end{aligned}$$

となる．$E[\tau_{G,x}] < \infty$ であることが知られているので，定理 5.2 の証明と同様に，$t \to \infty$ とすると定理を得る． ∎

§5.4 最適停止時刻

この節では最適停止時刻の問題について最も簡単な場合を取り扱う．$d = 1$ とする．$\beta > 0$ とし，g は $\mathbf{R}$ 上の有界で 2 回連続微分可能な正値関数とする．いま，$x \in \mathbf{R}$ から出発する 1 次元 Brown 運動を停止時刻 τ で止めたとき，

$$U(x;\tau) = E[\exp(-\beta\tau)g(x+B(\tau))]$$

の利得があるとする．問題は利得が最大になる停止時刻を見つけることにある．直観的に考えると，

$$U(x) = \sup\{U(x;\tau);\ \tau \text{ は停止時刻 }\}, \quad x \in \mathbf{R} \tag{5.14}$$

とおいて，はじめて $U(x+B(t)) = g(x+B(t))$ となった瞬間に停止すればよいように思う．しかし，$U(x)$ はどのように求めればよいのか．実は次のことが成立する．

定理 5.12 次の (i), (ii) を満たす有界な 2 回連続微分可能な関数 $V(y)$, $y \in \mathbf{R}$ が存在すると仮定する．

(i) $V(y) \geqq g(y), \quad \frac{1}{2}\triangle V(y) - \beta V(y) \leqq 0, \quad y \in \mathbf{R}$

(ii) 集合 $\{y \in \mathbf{R};\ V(y) \neq g(y)\}$ の上で

$$\frac{1}{2}\triangle V(y) - \beta V(y) = 0$$

を満たす．

このとき，$U(x) = V(x)$, $x \in \mathbf{R}$ である．さらに，$G = \{y \in \mathbf{R};\ V(y) \neq g(y)\}$ とおくと，最適停止時刻 τ は $\tau = \tau_{G,x}$ で与えられる．

［証明］ 定理 4.9 より，

$$\begin{aligned} M(t) = &\exp(-\beta t)V(x+B(t)) - V(x) \\ &- \int_0^t \exp(-\beta s)(\frac{1}{2}\triangle - \beta)V(x+B(s))\mathrm{d}s \end{aligned}$$

は 2 乗可積分なマルチンゲールである．したがって，任意の停止時刻 τ に対して，

$$\begin{aligned} &E[\exp(-\beta(t\wedge\tau))V(x+B(t\wedge\tau))] \\ &= V(x) + \int_0^{t\wedge\tau} \exp(-\beta s)(\frac{1}{2}\triangle - \beta)V(x+B(s))\mathrm{d}s + E[M(t\wedge\tau)] \\ &\leqq V(x) \end{aligned} \tag{5.15}$$

となる．よって，

$$\begin{aligned} U(x;\tau) &= \lim_{t\to\infty} E[\exp(-\beta(t\wedge\tau))g(x+B(t\wedge\tau))] \\ &\leqq V(x) \end{aligned}$$

を得る．また，式 (5.15) より，

$$E[\exp(-\beta(t \wedge \tau_{G,x}))V(x + B(t \wedge \tau_{G,x}))] = V(x)$$

を得る．ここで，$\tau_{G,x} < \infty$ ならば $V(x + B(\tau_{G,x})) = g(x + B(\tau_{G,x}))$ であることに注意して，$t \to \infty$ の極限をとれば，

$$U(x; \tau_{G,x}) = V(x)$$

を得る．よって，定理は証明された．　■

第6章

確率微分方程式

確率現象の数学モデルをたてる場合に確率微分方程式を用いるのがしばしば有効である．この章では確率微分方程式の基本的な事実を述べる．

§6.1 確率微分方程式の考え方

刻一刻変化していく決定論的現象を記述するには，常微分方程式がしばしば用いられる．これは，各瞬間における変化の方向がその現在の状態のみによることがしばしばあり，しかも微分そのものは線形性を持つために考えやすいからである．もちろん，常微分方程式の解は一般には簡単な関数にはならない．しかし，方程式を解くことは純粋に数学の問題である．したがって，数学モデルとしてどのような常微分方程式をたてるかをまず考え，次にその方程式を解くことを考えるというふうに，問題を分離して考えることができる．

刻一刻変化していく確率現象を記述するのに同様な考え方を適用すること，それが確率微分方程式を考える目的である．常微分方程式では瞬間の変化を表す微分は過去の状態から完全に決まることが仮定されている．しかし確率微分方程式では，過去の状態から説明できない不確定な要素を加える必要がある．これがノイズである．

ノイズとしてはありとあらゆるものを考えることができるが，数学で比較的よく研究されているものは「純粋なノイズ」と呼ばれているものだけである．したがって，数学で「確率微分方程式」という場合は，この「純粋なノイズ」が源泉となるもののみを指す．第4章でみたように「純粋なノイズ」はPoisson過程により記述されるものとBrown運動により記述されるものの2種類に分類される．その両方を含む一般の確率微分方程式が数学では研究されているが，ノイズがBrown運動により記述されている場合の方が取扱いがずっと簡単でしかも十分多くの応用があるのでこの本ではその場合のみを扱う(実際，多くの教科書でも同様である).

しかしながら，数学モデルをたてるに当たって以下のことを注意する必要がある．厳密にいえば世の中に純粋なノイズは存在しない．しかし，多数の要因からそれぞれ小さな比較的に独立と思われるノイズが寄与するとき，中心極限定理を根拠として，その寄与をひとまとめにして1つのBrown運動により記述されるノイズとして取り扱ってよい．しかし大地震のように，小さな確率で大きな影響を及ぼすようなことが起こる場合は，Poissonの小数の法則を根拠として，それをPoisson過程により記述されるノイズとして取り扱わねばならない．ただ解析が簡単であるという理由で，このノイズをBrown運動により記述されるもので置き換えるとまったく結論が変わってしまうこともある．したがって，確率微分方程式により数学モデルをたてるときには，何をノイズとみなしているのかをよく考える必要がある．

§6.2 確率微分方程式

前章に引き続き $(B_1(t),\cdots,B_d(t))$ は d 次元Brown運動，$\mathcal{F}_t$ はこれに付随する σ-集合族とする．確率微分方程式は次のように定義される．

定義 6.1 $n \geqq 1$ とし，$\sigma_i:\mathbf{R}^n\to\mathbf{R}^n$, $i=1,\cdots,d$ および $b:\mathbf{R}^n\to\mathbf{R}^n$ は有界な連続関数，$x\in\mathbf{R}^n$ とする．$X(t)$ が確率微分方程式

$$\mathrm{d}X(t)=\sum_{i=1}^{d}\sigma_i(X(t))\mathrm{d}B_i(t)+b(X(t))\mathrm{d}t \tag{6.1}$$

$$X(0)=x \tag{6.2}$$

の解であるとは，

(i) $X(t)$ が n 次元ベクトルに値を持つ2乗可積分な適合した連続確率過程，すなわち $X(t)=(X_1(t),X_2(t),\cdots,X_n(t))$ であり，$X(t)$ の各成分 $X_k(t),k=$

$1, \cdots, n$ が 2 乗可積分な適合した連続確率過程であり，

(ii) $\sigma_i(y) = (\sigma_{i1}(y), \sigma_{i2}(y), \cdots, \sigma_{in}(y))$, $i = 1, \cdots, d$, $b(y) = (b_1(y), b_2(y), \cdots, b_n(y))$, $x = (x_1, x_2, \cdots, x_n)$ と各成分を表したとき，

$$X_k(t) = x_k + \sum_{i=1}^{d} \int_0^t \sigma_{ik}(X(s))\mathrm{d}B_i(s) + \int_0^t b_k(X(s))\mathrm{d}s,$$
$$t \geqq 0, \quad k = 1, \cdots, n \tag{6.3}$$

が成立することをいう． □

すなわち，確率微分方程式 (6.1) とは確率積分方程式 (6.3) のことである．

確率微分方程式の解の存在と一意性は次の定理で保証される．

定理 6.1 もし正数 C が存在して

$$\| \sigma_i(y) - \sigma_i(z) \| \leqq C \| y - z \|, \quad y, z \in \mathbf{R}^n, \quad i = 1, \cdots, d$$

$$\| b(y) - b(z) \| \leqq C \| y - z \|, \quad y, z \in \mathbf{R}^n$$

が成り立つと仮定する．ただし，$\| y \| = (\sum_{k=1}^{d} y_k^2)^{1/2}$ である．このとき，次のことが成り立つ．

(i) 確率微分方程式 (6.1) の解が存在する．

(ii) もし $X(t)$ と $X'(t)$ がともに確率微分方程式 (6.1) の解であれば，

$$P(X(t) = X'(t), t \geqq 0) = 1$$

この意味で確率微分方程式 (6.1) の解はただ 1 つである． □

証明は常微分方程式の解の存在と同じように逐次近似を用いて行われる．むずかしくはないが必要ないので証明は省略する．

以後，簡単のために，$\sigma_i : \mathbf{R}^n \to \mathbf{R}^n$, $i = 1, \cdots, d$ および $b : \mathbf{R}^n \to \mathbf{R}^n$ は 2 回微分可能な有界な関数で，その 1 階，2 階の微係数も有界な連続関数であると仮定する．

§6.3 偏微分方程式と確率微分方程式

$\sigma_i : \mathbf{R}^n \to \mathbf{R}^n$, $i = 1, \cdots, d$ および $b : \mathbf{R}^n \to \mathbf{R}^n$ は有界な連続関数で，定理 6.1 の条件を満たすものとする．このとき，確率微分方程式 (6.1) の解 $X(t)$ がただ 1 つ存在する．いま，

$$a_{ij}(x)=\sum_{k=1}^{d}\sigma_{ki}(x)\sigma_{kj}(x),\quad i,j=1,\cdots,n,\quad x\in\mathbf{R}^n$$

と定め，$\mathbf{R}^n$上の2階の偏微分作用素Lを

$$(Lu)(x)=\frac{1}{2}\sum_{i,j=1}^{n}a_{ij}(x)\frac{\partial^2}{\partial x_i\partial x_j}u(x)+\sum_{i=1}^{n}b_i(x)\frac{\partial}{\partial x_i}u(x)$$

で定める．

このとき，次のことがわかる．

定理 6.2 $u:\mathbf{R}^n\to\mathbf{R}$ は有界な2回微分可能な関数で，その1階，2階の微係数は有界かつ連続であるとする．このとき，

$$M(t)=u(X(t))-u(x)-\int_0^t Lu(X(s))\mathrm{d}s,\quad t>0$$

は2乗可積分な連続マルチンゲールである(ここでxは確率微分方程式の初期値であったことを注意しておく)．

[証明] 証明は簡単である．$\mathbf{R}^n$上の1階の偏微分作用素V_k，$k=1,\cdots,d$を

$$(V_iu)(x)=\sum_{i=1}^{n}\sigma_{ki}(x)\frac{\partial}{\partial x_i}u(x)$$

で定める．方程式(6.3)に注意すると，伊藤の公式(定理4.9)より

$$u(X(t))=u(x)+\sum_{i=1}^{d}\int_0^t(V_iu)(X(s))\mathrm{d}B_i(s)+\int_0^t Lu(X(s))\mathrm{d}s$$

がわかる．よって，確率積分の性質より定理を得る． ∎

前章で定理5.1から出発して定理5.2を導いたのとまったく同様に，上の定理を偏微分方程式のDirichlet境界値問題に応用できる．

いま，Gは$\mathbf{R}^n$の有界な領域，∂Gはその境界とする．gは境界∂G上の連続関数とし，次のようなDirichlet境界値問題を考える．

$$Lu(y)=0,\quad y\in G,\quad u(z)=g(z),\quad z\in\partial G \tag{6.4}$$

停止時刻$\tau_{G,x}:\Omega\to[0,\infty)$を

$$\tau_{G,x}(\omega)=\inf\{t>0;\ X(t,\omega)\in\mathbf{R}^n\setminus G\}$$

で定める(ここでxは確率微分方程式(6.1)の初期値である)．

定理 6.3 すべての$x\in G$に対して$P(\tau_{G,x}<\infty)=1$であると仮定する．uは$G\bigcup\partial G$上の連続関数でG内では2回微分可能で，その2階の微係数は連続

であり，方程式 (6.4) を満たすとする．このとき，

$$u(x) = E[g(X(\tau_{G,x}))], \quad x \in G \tag{6.5}$$

が成立する． □

証明は定理 5.2 と同様である．また，$P(\tau_{G,x} < \infty) = 1$, $x \in G$ の仮定の下で式 (6.5) で与えられる u は $G \cup \partial G$ 上の連続関数である意味で方程式 (6.4) を満たすこともいえる．

いつ $P(\tau_{G,x}<\infty) = 1$, $x \in G$ であるかが問題になるが，これは **support 定理**と呼ばれるもので調べられる．これについて述べておく．いま $\tilde{b} : \mathbf{R}^n \to \mathbf{R}^n$ を

$$\tilde{b}_k(x) = b_k(x) - \frac{1}{2}\sum_{i=1}^{d}\sum_{j=1}^{n}\sigma_{ij}(x)\frac{\partial \sigma_{ik}}{\partial x_j}(x),$$
$$k = 1, \cdots, n, \quad x \in \mathbf{R}^n$$

で定める．このとき，次のことが成立する．

定理 6.4 (Stroock-Varadhan の support 定理) $h : [0, \infty) \to \mathbf{R}^d$ は $h(0) = 0$ を満たす任意の連続微分可能な関数とする．さらに，$Y : [0, \infty) \to \mathbf{R}^n$ は常微分方程式

$$\frac{\mathrm{d}}{\mathrm{d}t}Y(t) = \sum_{i=1}^{d}\sigma_i(Y(t))\frac{\mathrm{d}}{\mathrm{d}t}h_i(t) + \tilde{b}(Y(t))$$
$$X(0) = x$$

の解とする．このとき，確率微分方程式 (6.1) の解 $X(t)$ に対して

$$P(\max_{t \in [0,T]} \| X(t) - Y(t) \| < \varepsilon) > 0$$

が任意の $T > 0$, $\varepsilon > 0$ に対して成立する． □

この定理の証明は本書の範囲を大きく越えるので省略する．

この定理の系として次のようなことがわかる．

系 6.5 $a_{ij}(x)$, $i, j = 1, \cdots, n$, $x \in \mathbf{R}^n$ が楕円性を満たす．すなわち，

$$\sum_{i,j=1}^{n} a_{ij}(x)\xi_i\xi_j > 0, \quad x \in \mathbf{R}^n, \quad (\xi_1, \xi_2, \cdots, \xi_n) \in \mathbf{R}^n \setminus \{0\}$$

が成立するならば $P(\tau_G < \infty) = 1$ がすべての $x \in G$ に対して成立する． □

また，前章と同じく最大値の原理を示すこともできる．実際，support 定理は最大値の原理の一般論をつくるために得られたものである．その最も簡単な

場合についてのみ述べておく．

定理 6.6 (最大値の原理) $a_{ij}(x),\ i,j=1,\cdots,n,\ x\in\mathbf{R}^n$ が楕円性を満たすと仮定する．u は $G\cup\partial G$ 上の連続関数で G 内では2回微分可能，その2階の微係数は連続であり，

$$Lu(x)\geqq 0,\quad x\in G$$

を満たすとする．もし，関数 u が定数関数でなければ

$$u(x)<\max_{y\in\partial G}u(y),\quad x\in G$$

が成り立つ． □

§6.4 1次元拡散過程

$n=d=1$ の場合を考える．このとき，確率微分方程式 (6.1) の解は **1次元拡散過程**と呼ばれる．また微分作用素 L は

$$L=\frac{1}{2}a(x)\frac{\mathrm{d}^2}{\mathrm{d}x^2}+b(x)\frac{\mathrm{d}}{\mathrm{d}x},\quad a(x)=\sigma(x)^2$$

となる．以後，$a(x)>0,\ x\in\mathbf{R}$ と仮定する．いま，$S:\mathbf{R}\to\mathbf{R}$ を

$$S(x)=\int_0^x\mathrm{d}y\exp\left(-\int_0^y\frac{2b(z)}{a(z)}\mathrm{d}z\right)$$

とおく．すると，

$$\frac{\mathrm{d}}{\mathrm{d}x}\log\left(\frac{\mathrm{d}}{\mathrm{d}x}S(x)\right)=-\frac{2b(x)}{a(x)}$$

より，

$$LS(x)=0,\quad x\in\mathbf{R}$$

を得る．よって，伊藤の公式より，

$$\mathrm{d}S(X(t))=\bar{\sigma}(X(t))\mathrm{d}B(t)$$

となる．ただし，

$$\bar{\sigma}(x)=S'(x)\sigma(x)=\sigma(x)\exp\left(-\int_0^x\frac{2b(y)}{a(y)}\mathrm{d}y\right)$$

である．S^{-1} を S の逆関数とし $Y(t)=S^{-1}(X(t))$ $\tilde{\sigma}(y)=\bar{\sigma}\circ S^{-1}$ とおくと，

$$\mathrm{d}Y(t) = \tilde{\sigma}(Y(t))\mathrm{d}B(t),$$
$$Y(0) = S^{-1}(X(0))$$

となる．さらに，

$$A(t) = \int_0^t \tilde{\sigma}(Y(u))^2 \mathrm{d}u, \quad t \geqq 0$$

とおくと，その逆関数

$$A^{-1}(s) = \inf\{t > 0;\ A(t) > s\}, \quad s \geqq 0$$

は停止時刻であることがわかる．

$$M(s) = Y(A^{-1}(s))$$

とおけば，$Y(t) = M(A(t))$, $t \geqq 0$ であり，

$$t = \int_0^t \tilde{\sigma}(M(A(u))^{-2} \frac{\mathrm{d}}{\mathrm{d}u} A(u)\mathrm{d}u$$
$$= \int_0^{A(t)} \tilde{\sigma}(M(v))^{-2}\mathrm{d}v$$

を得る．したがって，

$$A(t) = \inf\{s > 0; \int_0^s \tilde{\sigma}(M(v))^{-2}\mathrm{d}v > t\}$$

を得る．これは，$A(t)$ が $M(s)$, $s \geqq 0$ から定まることを示している．しかも，$X(t) = S(M(A(t)))$ であるから，$X(t)$, $t \geqq 0$ は $M(s)$, $s \geqq 0$ から決まることがわかる．実は，$\{M(s) - M(0); s \in [0, \infty)\}$ は Brown 運動であることがわかる (このような事実を証明するには確率積分の理論を Brown 運動から始めるのではなく一般のマルチンゲールから始める必要がある)．$M(t) - M(0)$ が Brown 運動であるという意味は Brown 運動の定義を満たしているということであり，もちろん，$B(t)$ と $M(t) - M(0)$ は異なる．

$X(t)$ と $M(s)$ の関係は複雑であり，ただちに $X(t)$ の分布がわかるわけではない．しかし，上の表現により，$X(t)$ の性質を調べることができる．

§6.5 近似定理と Cameron-Martin-丸山-Girsanov の公式

確率微分方程式の解を具体的にモンテカルロ法などを用いて実現するのは容易ではない．このため，確率微分方程式を差分近似することが古くから研究されている．次の近似定理は丸山により得られたものである．

定理 6.7 確率過程 $\{X^{(m)}(t)\}_{t\in[0,\infty)}$ を帰納的に

$$X^{(m)}(0)=x,$$
$$X^{(m)}(t)=\sum_{i=1}^{d}\sigma_i X^{(m)}\left(\frac{k}{m}\right)\left(B_i(t)-B_i\left(\frac{k}{m}\right)\right)+b\left(X^{(m)}\left(\frac{k}{m}\right)\left(t-\frac{k}{m}\right)\right),$$
$$t\in\left(\frac{k}{m},\frac{k+1}{m}\right],\quad k=0,1,\cdots$$

で定める．このとき，確率微分方程式 (6.1) の解 $X(t)$ に対して，

$$E[\max_{t\in[0,T]}\parallel X(t)-X^{(m)}(t)\parallel^p]\to 0,\quad m\to\infty,\quad T>0,\quad p\geqq 1$$

が成立する． □

この定理の応用のひとつとして，今日，**Cameron-Martin-丸山-Girsanov の公式**，あるいは **drift の変換公式**と呼ばれる公式を得る．

定理 6.8 (Cameron-Martin-丸山-Girsanov の公式) $c_i:\mathbf{R}^n\to\mathbf{R}$, $i=1,\cdots,d$ は微分可能な有界な関数でその微係数も有界かつ連続とする．$\hat{b}:\mathbf{R}^n\to\mathbf{R}^n$ を

$$\hat{b}(x)=b(x)-\sum_{i=1}^{d}c_i(x)\sigma_i(x),\quad x\in\mathbf{R}^n$$

で定める．そして，$Z(t)$ を確率微分方程式

$$\mathrm{d}Z(t)=\sum_{i=1}^{d}\sigma_i(Z(t))\mathrm{d}B_i(t)+\hat{b}(Z(t))\mathrm{d}t,$$
$$Z(0)=x$$

の解とする．いま $X(t)$ を確率微分方程式 (6.1) の解とすると，任意の $m\geqq 1$, 有界連続関数 $F:(\mathbf{R}^n)^m\to\mathbf{R}$ および $0\leqq t_1<t_2<\cdots<t_m$ に対して，

$$E[F(Z(t_1),\cdots,Z(t_m))]$$
$$=E[F(X(t_1),\cdots,X(t_m))\exp(\sum_{i=1}^{d}\int_0^{t_m}c_i(X(s))\mathrm{d}B_i(s)-\frac{1}{2}\sum_{i=1}^{d}c_i(X(s))^2\mathrm{d}s)]$$

が成立する． □

付録　可測性について

確率空間の部分集合すべてに対して確率を付与するとしたが，数学ではふつうすべての集合に対して確率が定義されるとはせず，ある部分集合のつくる σ-集合族に対してのみ定義されるとする．

その理由は以下の通りである．有用な確率分布は，積分あるいは重積分により与えられることが多い．したがって，すべての集合に確率が定義されるためにはすべての集合に対して，面積や体積が定義される必要がある．ところが，現代の数学は集合論を基礎に組み立てられており，そのとき選択公理というものを仮定するのが一般的である．しかし，選択公理の下では次のような奇妙なことが成立することが Banach と Tarski により証明されている．

定理 A.1　次のような自然数 n および $\mathbf{R}^3$ の部分集合の族 $A_1, \cdots, A_n, B_1, \cdots, B_n$ が存在する．

(i)　$A_1, \cdots, A_n$ は互いに交わらない集合でその和集合は半径 1 の球

(ii)　$B_1, \cdots, B_n$ は互いに交わらない集合でその和集合は半径 2 の球

(iii)　A_i と B_i は合同 $(i = 1, \cdots, n)$．すなわち，A_i と B_i は平行移動と回転により重ね合わせることができる．　□

この定理により，もしすべての $\mathbf{R}^3$ の部分集合に体積を自然に定義できるなら，定理の A_i と B_i の体積は同じはずであり，その和集合である半径 1 と 2 の球の体積も同じでなくてはならないことになる．このような矛盾を回避するには，体積の定義できる集合を制限する必要がある．体積の定義できる集合を可測な集合という．

もっとも，物理学者の Feynman は Banach-Tarski の定理のような数学的には厳密でも直観に反する定理を数学者のたわごとと笑っている ("Surely You Are Joking Mr. Feynman" p.84-87)．しかし，数学的に厳密でかつ矛盾のない体系をつくるには，しばしば直観を損ねる回りくどい定義が必要である．Kolmogorov 流の確率論の基礎においては可測性という概念がそれに当たる．第 1 章では，確

率の定義できる集合は可測集合，確率変数は可測関数という具合に，厳密にはいちいち可測という言葉をつける必要がある．しかし，この本は数学者でない人を対象とした入門書であるので，その部分はごまかしてある．

参考書

本書では確率論と確率解析の概観について述べたが，より詳しい結果や証明を知りたい読者のために参考文献をあげておく．まず確率論の入門書としては，

[1] Feller, W., An introduction to probability theory and its applications 2nd ed., John Wiley & Sons, 1957,（邦訳）卜部舜一ほか訳，確率論とその応用，紀伊國屋書店，1960.

がある．確率論の基本的事実について詳しく解説した名著である．Markov 連鎖について詳しく書いた入門書として，

[2] Karlin, S., A first course in stochastic processes, Academic Press, 1969,（邦訳）佐藤健一，佐藤由身子訳，確率過程講義，産業図書，1974.

がある．確率積分の基本的事実について詳しいことを知りたい読者は，

[3] 國田寛，確率過程の推定，産業図書，1976.

を見られるとよい．その本ではフィルターリング理論についても詳しく書かれている．また，難しい本ではあるが，

[4] 渡辺信三，確率微分方程式，産業図書，1975.

が確率微分方程式の諸事実についてコンパクトにまとめられている．今日の数学の確率論の展開の仕方については，

[5] 伊藤清，確率論，岩波書店，1991.

が参考になる．中心極限定理など確率分布については，

[6] 清水良一，中心極限定理，教育出版，1976.

が詳しい．また，加法過程については，

[7] 佐藤健一，加法過程，紀伊國屋書店，1990.

に詳しく述べられている．確率解析について詳しく書かれた本として，

[8] Ikeda, N., Watanabe, S., Stochastic differential equations and diffusion processes 2nd ed., North Holland/Kodansha, 1989.

がある．しかし，これを読むには確率論以外の数学の知識と根気が必要である．

演習問題解答

第1章

1.1 (i) $B=(B\setminus A)\cup A$ かつ $(B\setminus A)\cap=\varnothing$ なので，公理 1.2 より，

$$P(B\setminus A)+P(A)=P(B).$$

したがって，$P(B\setminus A)=P(B)-P(A)$ かつ $P(A)\leqq P(B)$.

(ii)

$$B_1=A_1,\quad B_{n+1}=A_{n+1}\setminus\Bigl(\bigcup_{k=1}^{n}A_k\Bigr),\quad n\geqq 1$$

とおくと，(i) より，$P(B_n)\leqq P(A_n)$, $\forall n\in\mathbf{N}$ となる．また，$B_i\cap B_j=\varnothing$, $\forall i\neq j$, しかも，$\bigcup_{n=1}^{\infty}A_n=\bigcup_{n=1}^{\infty}B_n$. したがって，公理 1.2 より，

$$P\Bigl(\bigcup_{n=1}^{\infty}A_n\Bigr)=P\Bigl(\bigcup_{n=1}^{\infty}B_n\Bigr)=\sum_{n=1}^{\infty}P(B_n)\leqq\sum_{n=1}^{\infty}P(A_n).$$

(iii)

$$B_n=A_n\setminus A_{n+1},\quad n\in\mathbf{N},\quad B_0=\bigcap_{n=1}^{\infty}A_n$$

とおくと，$B_i\cap B_j=\varnothing$, $\forall i\neq j$ かつ $A_n=\bigcup_{k=n}^{\infty}B_k\cup B_0$ となる．よって，

$$P(A_n)=P(B_0)+\sum_{k=n}^{\infty}P(B_k).$$

したがって，

$$\lim_{n\to\infty}P(A_n)=P(B_0)=P\Bigl(\bigcap_{n=1}^{\infty}A_n\Bigr).$$

1.2 $E[X]=\lim_{n\to\infty}\sum_{k=-\infty}^{+\infty}\frac{k}{2^n}P\Bigl(\frac{k}{2^n}\leqq X<\frac{k+1}{2^n}\Bigr)$ より，容易.

1.3

$$a_{n,k}=\max\Bigl\{f(y),\,y\in\Bigl[\frac{k}{2^n},\frac{k+1}{2^n}\Bigr)\Bigr\},$$

$$b_{n,k} = \min\left\{ f(y),\, y \in \left[\frac{k}{2^n}, \frac{k+1}{2^n} \right) \right\}$$

とおき，

$$\overline{f_n}(x) = a_{n,k} \quad \left(x \in \left[\frac{k}{2^n}, \frac{k+1}{2^n} \right) \text{のとき} \right),$$

$$\underline{f_n}(x) = b_{n,k} \quad \left(x \in \left[\frac{k}{2^n}, \frac{k+1}{2^n} \right) \text{のとき} \right)$$

で関数 $\overline{f_n}$ と $\underline{f_n}$ を定義し，

$$\overline{X_n}(x) = \overline{f_n}(x), \quad \underline{X_n}(x) = \underline{f_n}(x)$$

とおくと，

$$\underline{X_n} \leqq X \leqq \overline{X_n}.$$

また，

$$E[\overline{X_n}(x)] = \sum_{k \in \mathbf{Z}} a_{n,k} \int_{x \in \left[\frac{k}{2^n}, \frac{k+1}{2^n} \right)} \rho(x) \mathrm{d}x,$$

$$E[\underline{X_n}(x)] = \sum_{k \in \mathbf{Z}} b_{n,k} \int_{x \in \left[\frac{k}{2^n}, \frac{k+1}{2^n} \right)} \rho(x) \mathrm{d}x$$

となる．よって，主張が得られる．

1.4 (i) の証明は問題 1.3 と同様．

(ii) (i) より，

$$m = E[X] = \int_{-\infty}^{\infty} x \mu_X(\mathrm{d}x)$$

となる．よって，

$$E[(X-m)^2] = \int_{-\infty}^{\infty} (x-m)^2 \mu_X(\mathrm{d}x) = V(X).$$

(iii) $E[aX+b] = aE[X]+b$ より，

$$(aX+b) - E[aX+b] = a(X - E[X]).$$

よって，(ii) より，

$$V(aX+b) = E[a^2(X-E[X])^2] = a^2 V(X).$$

1.5

$$\Omega = \{1,2,3,4\}, \quad P(\{i\}) = \frac{1}{4}, \quad i = 1,2,3,4$$

により確率空間 $(\Omega, \mathcal{F}, P)$ を定める．$A_1 = \{1,2\}$，$A_2 = \{1,3\}$，$A_3 = \{1,4\}$ とおけば

よい．

第2章

2.1 $2^k \leqq n < 2^{k+1}$ のとき，

$$P(|X-X_n|=1)=\frac{1}{2^k},$$
$$P(|X-X_n|=0)=1-\frac{1}{2^k}$$

より，$\forall\varepsilon>0$ に対し，

$$P(|X-X_n|>\varepsilon)\leqq\frac{1}{2^k},$$
$$E(|X-X_n|^2)=\frac{1}{2^k}.$$

これより，

$$P(|X-X_n|>\varepsilon)\to 0,\quad n\to\infty,\quad \forall\varepsilon>0,$$
$$E(|X-X_n|^2)\to 0,\quad n\to\infty.$$

したがって，(i), (ii) がわかる．

(iii) $\forall\omega\in\Omega=[0,1)$ において，各 $k\geqq 1$ に対して，$2^k\leqq n<2^{k+1}$，かつ $X_n(\omega)=1$ となる n が必ず 1 つある．よって，

$$\limsup_{n\to\infty}|X(\omega)-X_n(\omega)|=1,\quad \forall\omega\in\Omega.$$

したがって，

$$P(\limsup_{n\to\infty}|X(\omega)-X_n(\omega)|=0)=0,$$

すなわち，概収束しない．

2.2 容易に，

$$P(X_n(\omega)=0)=\frac{1}{2},\quad P(X_n(\omega)=1)=\frac{1}{2},\quad \forall n\geqq 1$$

であることがわかる．よって，X_n と X の分布は等しいから，当然，X_n は X に法則収束する．

しかし，また，容易に，

$$P(X_1=X_n)=\frac{1}{2},\quad \forall n\geqq 2$$

であることがわかる．よって，

$$P(|X_1 - X_n| = 1) = \frac{1}{2}, \quad \forall n \geqq 2,$$

すなわち，確率収束しない．

2.3 $\forall \varepsilon > 0$ に対し，

$$P(|X - X_n| > \varepsilon) \leqq \frac{1}{n}$$

であることがわかる．よって，X_n は X に確率収束する．

また，$E[|X - X_n|^2] = n$ であるので，X_n は X に2次平均収束しない．

第3章

3.1 次の2つのことに注意する：

$$\frac{\mathrm{d}^+}{\mathrm{d}x} f(x) = \lim_{h \to 0+} \frac{1}{h}(f(x+h) - f(x)), \quad x \in \mathbf{R}$$

が必ず存在し，$\frac{\mathrm{d}^+}{\mathrm{d}x} f : \mathbf{R} \to \mathbf{R}$ は単調増大；かつ

$$f(x) \geqq f(a) + \frac{\mathrm{d}^+ f}{\mathrm{d}x}(a)(x-a), \quad \forall x, a \in \mathbf{R}.$$

これらのことから，

$$f(x) = \sup\left\{f(a) + \frac{\mathrm{d}^+ f}{\mathrm{d}x}(a)(x-a),\ a \in \mathbf{Q}\right\}, \quad \forall x \in \mathbf{R}$$

であることがわかる．よって，

$$\begin{aligned} E[f(X)|\mathcal{G}] &\geqq E\left[f(a) + \frac{\mathrm{d}^+ f}{\mathrm{d}x}(a)(X-a) \,\middle|\, \mathcal{G}\right] \\ &\geqq f(a) + \frac{\mathrm{d}^+ f}{\mathrm{d}x}(a)(E[X|\mathcal{G}] - a), \quad a \in \mathbf{Q}. \end{aligned}$$

したがって，

$$\begin{aligned} E[f(X)|\mathcal{G}] &\geqq \sup_{a \in \mathbf{Q}} \left\{f(a) + \frac{\mathrm{d}^+ f}{\mathrm{d}x}(a)(E[X|\mathcal{G}] - a)\right\} \\ &= f(E[X|\mathcal{G}]). \end{aligned}$$

3.2 (i) $\forall n < N$ に対して，$\{\tau = n\} = \{X_1 = 0, \cdots, X_{n-1} = 0, X_n = 1\}$ より，$\{\tau = n\} \in \mathcal{F}_n$ であることがわかる．

(ii) $\{\tau = 1\} = \{X_1 = 0, X_2 = 1\}$ となる．$\mathcal{F}_1$ の元は $\varnothing$, Ω, $\{X_1 = 0\}$, $\{X_1 = 1\}$ のみであるから，$\{\tau = 1\} \notin \mathcal{F}_1$ となることが分かる．

3.3 Markov 過程は既約であるので，各 $x,y\in S$ に対し，$n_{x,y}\geqq 1$ が存在し，$P_{n_{x,y}}(x,y)>0$ となる．$N=\max\{n_{x,y}\}$ とおくと，

$$a=\min\left\{\sum_{k=1}^{N}P_k(x,y),\ x,y\in S\right\}>0$$

となり，

$$\sum_{k=1}^{N}P_{n+k}(x,x)=\sum_{y}P_n(x,y)\sum_{k=1}^{N}P_k(y,x)\geqq a$$

となる．よって，

$$\begin{aligned}G(s,x,x)&=1+\sum_{k=1}^{\infty}s^kP_k(x,x)\\&=1+\sum_{k=1}^{\infty}s^N\left(\sum_{j=1}^{N}s^{-j}P_j(x,x)\right)\\&\geqq a\cdot\frac{s^N}{1-s^N}\to\infty,\qquad \text{as } s\to 1.\end{aligned}$$

よって，再帰的である．

第4章

4.1 Poisson 過程の定義より，

$$\{X(t)=m\}=\left\{\sum_{k=1}^{m}T_k\leqq t<\sum_{k=1}^{m+1}T_k\right\}$$

であることに注意．任意の $s<t$ に対して，$\{X(t)=m\}$ の下で，

$$\{X(s)=\ell\}=\begin{cases}\left\{\sum_{k=1}^{\ell}T_k\leqq s\right\} & (\ell=m\text{ のとき}),\\ \left\{\sum_{k=1}^{\ell}T_k\leqq s<\sum_{k=1}^{\ell+1}T_k\right\} & (\ell<m\text{ のとき}).\end{cases}$$

よって，$\{X(t)=m\}$ の下で，$X(s)$ の値は $\{T_k;k\leqq m\}$ により定まる．すなわち，$\mathcal{F}_t$ は $\{X(t)=m,\ T_1\leqq t_1,\ \cdots,\ T_m\leqq t_m\}$，$m\in\mathbf{N}$，$0\leqq t_1<t_2<\cdots<t_m\leqq t$，により生成される．

また，任意の $u>t$ に対して，

$$\begin{aligned}&P(X(u)-X(t)=\ell,\ X(t)=m\,|\,T_1,\cdots,T_m)\\&=P\left(\sum_{k=1}^{\ell+m}T_k\leqq u<\sum_{k=1}^{\ell+m+1}T_k,\ \sum_{k=1}^{m}T_k\leqq t<\sum_{k=1}^{m+1}T_k\,\middle|\,T_1,\cdots,T_m\right)\\&=E\left[P\left(\sum_{k=1}^{\ell+m}T_k\leqq u<\sum_{k=1}^{\ell+m+1}T_k,\ \sum_{k=1}^{m}T_k\leqq t<\sum_{k=1}^{m+1}T_k\,\middle|\,T_1,\cdots,T_{m+1}\right)\middle|\,T_1,\cdots,T_m\right].\end{aligned}$$

一方,

$$
\begin{aligned}
&P(X(u)=\ell\,|\,T_1,\cdots,T_\ell)\\
&=P\Big(\sum_{k=1}^{\ell}T_k\leqq u<\sum_{k=1}^{\ell+1}T_k\,\Big|\,T_1,\cdots,T_\ell\Big)\\
&=P\Big(T_{\ell+1}\geqq u-\sum_{k=1}^{\ell}T_k,\ \sum_{k=1}^{\ell}T_k\leqq u\,\Big|\,T_1,\cdots,T_\ell\Big)\\
&=\int_{u-\sum_{k=1}^{\ell}T_k}^{\infty}\mathrm{e}^{-x}\mathrm{d}x\cdot 1_{\left(\sum_{k=1}^{\ell}T_k\leqq u\right)}\\
&=\exp\Big\{-\Big(u-\sum_{k=1}^{\ell}T_k\Big)\Big\}\cdot 1_{\left(\sum_{k=1}^{\ell}T_k\leqq u\right)}
\end{aligned}
$$

であり, また, $\forall k\leqq\ell$ に対して,

$$
\begin{aligned}
&P(X(u)=\ell\,|\,T_1,\cdots,T_k)\\
&=\int_{\sum_{i=1}^{k}T_i+\sum_{i=k+1}^{\ell}x_i\leqq u}^{\infty}\exp\Big\{-\Big(u-\sum_{i=1}^{k}T_k-\sum_{i=k+1}^{\ell}x_i\Big)\Big\}\exp\Big(-\sum_{i=k+1}^{\ell}x_i\Big)\mathrm{d}x_{k+1}\cdots\mathrm{d}x_\ell\\
&=\frac{\Big(u-\sum_{i=1}^{k}T_i\Big)^{\ell-k}}{(\ell-k)!}\exp\Big\{-\Big(u-\sum_{i=1}^{k}T_i\Big)\Big\}\cdot 1_{\left(\sum_{i=1}^{k}T_i\leqq u\right)}
\end{aligned}
$$

となる. よって, 任意の $\ell\geqq m+1$ に対して,

$$
\begin{aligned}
&P(X(u)-X(t)=\ell,\ X(t)=m\,|\,T_1,\cdots,T_m)\\
&=E\Bigg[1_{\left(\sum_{i=1}^{m}T_i\leqq t<\sum_{i=1}^{m+1}T_i\right)}\cdot\frac{\Big(u-\sum_{i=1}^{m+1}T_i\Big)^{\ell-1}}{(\ell-1)!}\cdot\\
&\qquad 1_{\left(\sum_{i=1}^{m+1}T_i\leqq u\right)}\exp\Big\{-\Big(u-\sum_{i=1}^{m+1}T_i\Big)\Big\}\,\Bigg|\,T_1,\cdots,T_m\Bigg]\\
&=\int_{t-\sum_{k=1}^{m}T_k}^{u-\sum_{k=1}^{m}T_k}\frac{\Big(u-\sum_{k=1}^{m}T_k-x\Big)^{\ell-1}}{(\ell-1)!}\cdot\exp\Big\{-\Big(u-\sum_{k=1}^{m}T_k\Big)\Big\}\mathrm{d}x\cdot 1_{\left(\sum_{k=1}^{m}T_k\leqq t\right)}\\
&=\int_0^{u-t}\frac{(u-t-y)^{\ell-1}}{(\ell-1)!}\mathrm{d}y\cdot\exp\Big\{-\Big(u-\sum_{i=1}^{m}T_i\Big)\Big\}\cdot 1_{\left(\sum_{i=1}^{m}T_i\leqq t\right)}\\
&=\frac{(u-t)^{\ell}}{\ell!}\exp\Big\{-\Big(u-\sum_{i=1}^{m}T_i\Big)\Big\}\cdot 1_{\left(\sum_{i=1}^{m}T_i\leqq t\right)}.
\end{aligned}
$$

また,

$$P(X(t)=m\,|\,T_1,\cdots,T_m)=\exp\left\{-\left(t-\sum_{i=1}^{m}T_i\right)\right\}\cdot 1_{\left(\sum_{i=1}^{m}T_i\leqq t\right)}.$$

よって,

$$P[X(u)-X(t)=\ell\,|\,X(t)=m,\ T_1,\cdots,T_m]=\frac{(u-t)^{\ell}}{\ell!}\mathrm{e}^{-(u-t)}.$$

最初に述べたことから,

$$P[X(u)-X(t)=\ell\,|\,\mathcal{F}_t]=\frac{(u-t)^{\ell}}{\ell!}\mathrm{e}^{-(u-t)}$$

となる. これから主張を得る.

4.2 (1), (2) それぞれの右辺に伊藤の公式を適用すればよい.

欧文索引

和文索引

ア 行

カ 行

サ 行

タ 行

ナ 行

ハ 行

マ 行

ラ 行

■岩波オンデマンドブックス■

確率と確率過程

2007年 1月18日 第1刷発行
2015年11月10日 オンデマンド版発行

著 者 楠岡成雄（くすおかしげお）

発行者 岡本 厚

発行所 株式会社 岩波書店
〒101-8002 東京都千代田区一ツ橋 2-5-5
電話案内 03-5210-4000
http://www.iwanami.co.jp/

印刷／製本・法令印刷

ISBN 978-4-00-730304-3 Printed in Japan